全国高等职业教育技能型紧缺人才培养培训推荐教材

建筑装饰光环境工程

（建筑装饰工程技术专业）

本教材编审委员会组织编写

主编 王 萧

中国建筑工业出版社

图书在版编目（CIP）数据

建筑装饰光环境工程／本教材编审委员会组织编写，王萧主编． —北京：中国建筑工业出版社，2006
全国高等职业教育技能型紧缺人才培养培训推荐教材
（建筑装饰工程技术专业）
ISBN 7-112-07180-1

Ⅰ．建… Ⅱ．①本…②王… Ⅲ．建筑装饰－照明设计－高等学校：技术学校－教材 Ⅳ．TU113.6

中国版本图书馆 CIP 数据核字（2006）第 069906 号

本教材为全国高等职业教育技能型紧缺人才培养培训教材，分为三个单元，内容为：天然采光、人工照明、实训项目等。

本书既适用于建设行业技能型紧缺人才培养培训工程高职建筑装饰装修专业的学生使用，同时也可作为相应专业岗位培训教材。

本书在使用过程中有何意见和建议，请与我社教材中心（jiaocai@china-abp.com.cn）联系。

* * *

责任编辑：朱首明　刘平平
责任设计：赵明霞
责任校对：张树梅　王金珠

全国高等职业教育技能型紧缺人才培养培训推荐教材

建筑装饰光环境工程

（建筑装饰工程技术专业）

本教材编审委员会组织编写

主编　王　萧

*

中国建筑工业出版社出版（北京西郊百万庄）
新华书店总店科技发行所发行
北京华艺制版公司制版
北京云浩印刷有限责任公司印刷

*

开本：787×1092 毫米　1/16　印张：12　字数：290 千字
2006 年 8 月第一版　2006 年 8 月第一次印刷
印数：1—3000 册　定价：**17.00** 元
ISBN 7-112-07180-1
（13134）

版权所有　翻印必究
如有印装质量问题，可寄本社退换
（邮政编码 100037）

本社网址：http://www.cabp.com.cn
网上书店：http://www.china-building.com.cn

本教材编审委员会

主　任：张其光

副主任：杜国城　陈　付　沈元勤

委　员：（按姓氏笔画为序）

马小良　马松雯　王　萧　冯美宇　江向东　孙亚峰

朱首明　陆化来　李成贞　李　宏　范庆国　武佩牛

钟　建　赵　研　高　远　袁建新　徐　辉　诸葛棠

韩　江　董　静　魏鸿汉

序

改革开放以来，我国建筑业蓬勃发展，已成为国民经济的支柱产业。随着城市化进程的加快、建筑领域的科技进步、市场竞争的日趋激烈，急需大批建筑技术人才。人才紧缺已成为制约建筑业全面协调可持续发展的严重障碍。

面对我国建筑业发展的新形势，为深入贯彻落实《中共中央、国务院关于进一步加强人才工作的决定》精神，2004年10月，教育部、建设部联合印发了《关于实施职业院校建设行业技能型紧缺人才培养培训工程的通知》，确定在建筑施工、建筑装饰、建筑设备和建筑智能化等四个专业领域实施技能型紧缺人才培养培训工程，全国有71所高等职业技术学院、94所中等职业学校、702个主要合作企业被列为示范性培养培训基地，通过构建校企合作培养培训人才的机制，优化教学与实训过程，探索新的办学模式。这项培养培训工程的实施，充分体现了教育部、建设部大力推进职业教育改革和发展的办学理念，有利于职业院校从建设行业人才市场的实际需要出发，以素质为基础，以能力为本位，以就业为导向，加快培养建设行业一线迫切需要的高技能人才。

为配合技能型紧缺人才培养培训工程的实施，满足教学急需，中国建筑工业出版社在跟踪"高等职业教育建设行业技能型紧缺人才培养培训指导方案"编审过程中，广泛征求有关专家对配套教材建设的意见，组织了一大批具有丰富实践经验和教学经验的专家和骨干教师，编写了高等职业教育技能型紧缺人才培养培训"建筑工程技术"、"建筑装饰工程技术"、"建筑设备工程技术"、"楼宇智能化工程技术"4个专业的系列教材。我们希望这4个专业的系列教材对有关院校实施技能型紧缺人才的培养培训具有一定的指导作用。同时，也希望各院校在实施技能型紧缺人才培养培训工作中，有何意见及建议及时反馈给我们。

建设部人事教育司
2005年5月30日

前　言

按照教育部、建设部对高等职业学校建筑装饰装修专业领域技能型紧缺人才培养培训指导方案的要求，在教材编写上打破传统学科体系，以项目教学法要求，综合相关专业知识，教材内容为教学服务，教学内容为实际工作服务。强调工作过程系统化课程的主要特点，特别注重保持课程学习中工作过程的整体性，着重培养学生解决实际问题的能力，重视典型工作情境中的案例学习。

本书编写为体现项目法教学的特点，将光环境工程所涉及的采光与照明的基本知识、国家（国际）标准、采光（照度）计算、设计施工图识读、采光与照明工程施工和质量验收等方面知识分别进行有机整合，突出综合性并按照培养目标要求，拟订了一整套分阶段、分步骤循序渐进式的操作技能训练的实训项目。

教材内容将光环境工程分为天然采光与人工照明两大类，将每一类型作为相对独立的项目，集中在一个单元。并将操作技能训练的实训项目集中在第三单元介绍。

教材内容力求体现实用性，强调规范性，因此在本书编写中以现行的国家标准、行业标准和国家建筑标准设计图集为依据，以新的建筑装饰装修光环境工程设计、施工、材料为参考，并以教育部和建设部提出的培养高等职业技能型人才目标为核心。教材力求图文并茂，形象体现相关内容，教材对教学活动既有明确的指导性，也有一定程度的参考性和引导性，以利教师和学生创新思维、创新能力的发挥。

本书主要用于高等职业学校建筑装饰（工程技术）专业教学，也可作为相关行业岗位培训教材或自学用书。

本书由上海市建峰职业技术学院王萧主编，并负责统稿及编写单元2中的标准与施工图部分等内容；由上海西南工程学校饶玉静担任副主编并负责编写单元1及单元3中的课题一；由上海市建峰职业技术学院唐荣华、江运崇参编，并分别负责编写单元3中的课题2~5及单元2中的其他内容。在本书编写内容中如有不当之处请专家予以指正。

目 录

单元1 天然采光
课题1 概述 …… 1
课题2 天然采光 …… 12
课题3 采光工程施工 …… 46
思考题与习题 …… 50

单元2 人工照明
课题1 概述 …… 51
课题2 人工照明 …… 81
课题3 照明工程施工 …… 110
思考题与习题 …… 127

单元3 实训项目
实训项目1 采光设计 …… 129
实训项目2 照度计算 …… 132
实训项目3 电气照明施工图的设计与绘制 …… 143
实训项目4 照明线路安装 …… 151
实训项目5 照明电气安装 …… 169

参考文献 …… 185

单元1 天然采光

我们生活在信息时代，每天都有成千上万的信息需要我们去了解，人们依靠不同感觉器官从外界获得这些信息，其中绝大多数来自视觉器官。人们只有在良好的光环境下，才能进行正常工作、学习和生活。建筑师的任务之一，就是要为人们创造良好的光环境，它不但对劳动生产率和视力健康有直接影响，也影响人们的生活质量，故在建筑设计中应对采光和照明问题给予足够重视。

本单元着重介绍与建筑有关的光度学基本知识；各种采光窗的采光特性，采光设计及其计算方法；对采光施工图与采光测量方法也作了介绍，还通过一些采光设计实例的分析，帮助进一步理解和掌握这些原理。从而培养天然采光设计的能力并且熟悉天然采光的施工和验收。在掌握这些知识的基础上，才有可能设计出优良的室内光环境，并且能够节约资源，保护环境。

课题1 概　　述

建筑光学基本知识

我们研究的光，是能够引起人视觉感觉的那一部分电磁辐射，其波长范围为 380～780nm（nm——纳米，长度单位，$1nm = 10^{-9}m$）。波长大于780nm的红外线、无线电波等，以及小于380nm的紫外线、X射线等，人眼都感觉不到，由此可知，光是客观存在的一种能量，而且与人的主观感觉有密切的联系。因此对光的度量必须和人的主观感觉结合起来。为了进行光照设计，应当对人眼的视觉特性、光的度量、材料的光学性能等有必要的了解。

1.1 人眼的视觉特性

1.1.1 眼睛与视觉

人们的视觉感觉是通过眼睛来完成的，所以我们应对眼睛的视看过程有一粗略的了解。眼睛好似一个很精密的光学仪器，它在很多方面都与照相机相似。图1-1是人的右眼剖面图。

从图中可看到眼睛的主要组成部分，其功能如下：

（1）瞳孔　起照相机中光圈的作用。它可根据环境的明暗程度，自动调节其孔径，以控制进入眼球的光能数量。

（2）水晶体　它起照相机的透镜作用，不过水晶体具有自动聚焦功能。它受睫状肌收缩或放松的控制，使其形状改变从而改变其屈光度，使远近不同的外界景物都能在视网膜上形成清晰的影像。

（3）视网膜　是眼睛的视觉感受部分，类似照相机中的胶卷。光线经过瞳孔、水晶体在视网膜上聚焦成清晰的影像。视网膜上布满了感光细胞——锥状和杆状感光细胞。光线射到它们上面就产生神经冲动,传输至视神经,再传至大脑,产生视觉感觉。

(4) 感光细胞　它们处在视网膜最外层上,接受光刺激,并转换为神经冲动。它们在视网膜上的分布是不均匀的:锥状细胞主要集中在视网膜的中央部位,称为"黄斑"的黄色区域;黄斑区的中心有一小凹,称"中央窝";在这里,锥状细胞密度达到最大;在黄斑区以外,锥状细胞的密度急剧下降。与此相反,在中央窝处几乎没有杆状细胞,自中央窝向外,其密度迅速增加,在离中央窝20°密度达到最大,然后又逐渐减少。感光细胞在视网膜上的分布情况见图1-2。

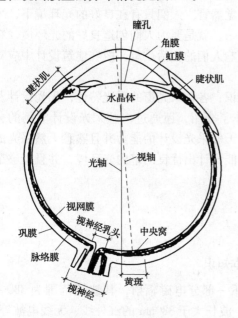

图1-1　右眼剖面图

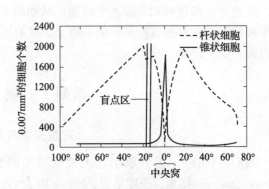

图1-2　两种感光细胞在视网膜上的分布情况

两种感光细胞有各自的功能特征。锥状细胞在明亮环境下,对色觉和视觉敏锐度起决定作用。它能分辨出物体的细部和颜色,并对环境的明暗变化作出迅速的反应,以适应新的环境。而杆状细胞在黑暗环境中对明暗感觉起决定作用,它虽能看到物体,但不能分辨其细部和颜色,对明暗变化的反应缓慢。

1.1.2　人眼的视野范围(视场)

根据感光细胞在视网膜上的分布,以及眼眉、脸颊的影响,人眼的视看范围有一定的局限。双眼不动的视野范围为:水平面180°;垂直面130°;上方为60°;下方为70°(图1-3)。白色区域为双眼共同视看范围;斜线区域为单眼视看最大范围;黑色为被遮挡区域。黄斑区所对应的角度约为2°,它具有最高的视觉敏锐度,能分辨最微小的细部,称"中心视场"。由于这里几乎没有杆状细胞,故在黑暗环境中,这里几乎不产生视觉。从中心视场往外直

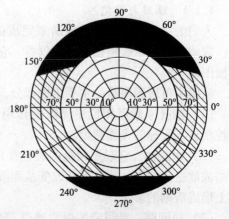

图1-3　人眼视野范围

到30°范围内是视觉清楚区域，这是观看物体总体的有利位置。通常站在离展品高度的1.5~2倍的距离观赏展品，就是使展品处于上述视觉清楚区域内。

1.1.3 光谱光视效率

人眼在观看同样功率的可见辐射时，对于不同波长感觉到的明亮程度不一样。人眼的这种特性常用国际照明委员会（简写CIE）的光谱光视效率（V_λ）曲线来表示（见图1-4）。它表示波长λ_m和波长λ的单色辐射，在特定光度条件下，获得相同视觉感觉时，该两个单色辐射通量之比。选择λ_m的比值的最大值为1。λ_m选在视感觉最大值处（明视觉时为555nm，暗视觉为507nm）。用公式表达如下：

$$V(\lambda) = \Phi_m/\Phi \tag{1-1}$$

1.2 基本光度单位和应用

1.2.1 光通量

由于人眼对不同波长的电磁波具有不同的灵敏度，我们就不能直接用光源的辐射功率或辐射通量来衡量光能量，必须采用以人眼对光的感觉量为基准的单位——光通量来衡量。光通量的符号为Φ，单位为流明（Lumen，以lm表示）。光通量是由辐射通量及$V(\lambda)$经下式得出：

$$\Phi = K_m \int \Phi_{e,\lambda} V(\lambda) d\lambda \tag{1-2}$$

式中　Φ——光通量（lm）；

$\Phi_{e,\lambda}$——波长为λ的单色辐射通量（W）；

$V(\lambda)$——CIE光谱光视效率，可由图1-4查出；

K_m——最大光谱光视效能，在明视觉时K_m为683lm/W。

建筑光学中，常用光通量表示一光源发出光能的多少，它是光源的一个基本参数。例如100W普通白炽灯发出1250lm的光通量，40W日光色荧光灯约发出2200lm的光通量。

【例1-1】 已知波长为540nm的单色光，设其辐射通量为5W，试计算它发出的光通量。

【解】 从图1-4的明视觉（实线）光谱光视效率曲线中可查出对应于波长540nm的$V(\lambda) = 0.99$，则该单色光源发出的光通量为：

$$\Phi_{540} = 683 \times 5 \times 0.99 = 3381 \text{lm}$$

1.2.2 发光强度

以上谈到的光通量是表述某一光源向四周空间发射出的光能总量。不同光源发出的光通量在空间的分布是不同的。例如悬吊在桌面上空的一盏100W白炽灯，它发出1250lm的光通量。但是用不用灯罩，投射到桌面的光能量就不一样。加了灯罩后，灯罩将往上的光向下反射，使向下的光通量增加，因此我们就感到桌面上亮一些。这例子说明只知道光源发出的光通量总量还不够，还需要了解表征它在空间的光通量分布状况，就是光通量的空间分布密度，称为发光强度。常用符号I来表示。

图1-5表示一空心球体，球心O处放一光源，它向球表面$abcd$所包的面积A上发出Φlm的光通量。而面积A对球心形成的角称为立体角Ω，它是用A的面积和球的半径平方之比来度量，即：

$$\Omega = A/r^2 \tag{1-3}$$

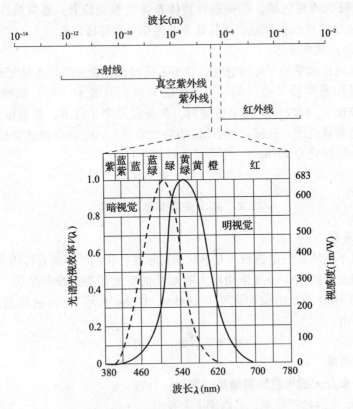

图1-4 E光谱光视效率 $V(\lambda)$ 曲线

立体角 Ω 的单位为球面度（sr），当 $A = r^2$ 时，它在球心处形成的立体角 $\Omega = 1\mathrm{sr}$。点光源在某方向上的无限小立体角 $\mathrm{d}\Omega$ 内发出的光通量为 $\mathrm{d}\Phi$ 时，则该方向上的发光强度为：

$$I_\alpha = \mathrm{d}\Phi/\mathrm{d}\Omega$$

在这方向上发光强度的平均值为：

$$I_\alpha = \Phi/\Omega \tag{1-4}$$

发光强度的单位为坎德拉（简称"坎"；Candela，符号为cd），它表示光源在1球面度立体角内均匀发出1lm的光通量。

$$1\mathrm{cd} = 1\mathrm{lm}/1\mathrm{sr}$$

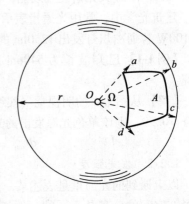

图1-5 立体角概念

40W白炽灯泡正下方具有约30cd的发光强度。而在它的正上方，则有灯头和灯座的遮挡，故此方向的发光强度为零。如果加上一个不透明的搪瓷伞形罩，向上的光通量除少量被吸收外，都被灯罩朝下方反射，因此向下的光通量增加，而这时灯罩下方的立体角未变，故光通量的空间密度加大，发光强度由30cd增加到73cd。

1.2.3 照度

对于被照面而言，常用落在其单位面积上的光通量多少来衡量它被照射的程度，这就是常用的照度，符号为 E，它表示被照面上的光通量密度。设无限小被照面面积 $\mathrm{d}A$ 接受的光通量为 dΦ，则该处的照度 E 为：

$$E = d\Phi/dA$$

当光通量 Φ 均匀分布在被照表面 A 上时，则此被照面的照度为：

$$E = \Phi/A \tag{1-5}$$

照度的常用单位为勒克斯（Lux，符号为 lx），它等于 1lm 的光通量均匀分布在 $1m^2$ 的被照面上。

$$1lx = 1lm/m^2$$

为了对照度有一个实际概念，下面举一些常见的例子。在 40W 白炽灯下 1m 处的照度约为 30lx；加一搪瓷伞形罩后照度就增加到 73lx；阴天中午室外照度 8000~20000lx；晴天中午在阳光下的室外照度可高达 80000~120000lx。

照度的英制单位为英尺烛光（符号为 fc），它等于 1lm 的光通量均匀分布在 $1ft^2$ 的表面上，由于 $1m^2 = 10.76ft^2$，所以 1fc = 10.76lx。

1.2.4 发光强度和照度的关系

一个点光源在被照面上形成的照度，可以从发光强度和照度这两个基本量之间的关系求出。

图 1-6 表示表面 A_1、A_2、A_3 距点光源 O 的距离分别为 r、$2r$、$3r$，它们在光源处形成的立体角相同，则表面 A_1、A_2、A_3 的面积比为它们距光源的距离平方比，即 1:4:9。设光源 O 在这三个表面方向的发光强度不变，即单位立体角的光通量不变，则落在这三个表面的光通量相同，由于它们的面积不同，故落在其上的光通量密度也不同，即照度是随它们的面积而变，由此可推出发光强度和照度的一般关系。从式 (1-5) 知道，表面的照度为：

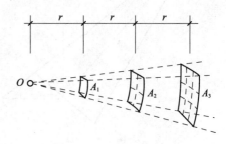

图 1-6　点光源产生照度的概念

$$E = \Phi/A$$

由式 (1-4) 可知 $I_\alpha = \Phi/\Omega$（其中 $\Omega = A/r^2$），将其代入式 (1-5)，则得：

$$E = I/r^2 \tag{1-6}$$

式 (1-6) 表明，某表面的照度 E 与点光源在这方向的发光强度 I 成正比，与它至光源距离 r 的平方成反比。这就是计算点光源产生照度的基本公式，称为距离平方反比定律。

以上所讲的是指光线垂直入射到被照表面，即入射角 α 为零的情况。当入射角不等于零，如图 1-7 的情况。这时，表面 A_1 的法线与入射光线成 α 角，而表面 A_2 的法线与光线重合，这样表面 A_1 和表面 A_2 间的夹角为 α。则

$$A_1 = A_2/\cos\alpha$$

而 A_1 和 A_2 所接受的光通量相同，它们在点光源处形成的立体角相同，则式 (1-6) 可改写为：

$$E = \frac{I\cos\alpha}{r^2} \tag{1-7}$$

这就是表述点光源在任何表面上形成的照度普遍公式。它说明：点光源在一表面上形

成的照度与它在这方向上的发光强度成正比，和入射光线与被照面法线形成的夹角余弦成正比，和它到被照面的距离线光源的长度小于到被照面距离的 1/4 时，我们就将它视为点光源。

【例 1-2】 如图 1-8 所示，在一绘图桌上方挂了一个 40W 的白炽灯，求灯下桌面点 1 和点 2 处照度。

【解】 设该白炽灯下方的发光强度均为 30cd，按式（1-7）：

$$E_1 = I\cos\alpha/r_1^2 = 30 \times \cos 30°/2^2$$
$$= 6.5 \text{lx}$$
$$E_1 = I\cos 0°/r_2^2 = 30 \times 1/(\cos 30°)^2$$
$$= 10 \text{lx}$$

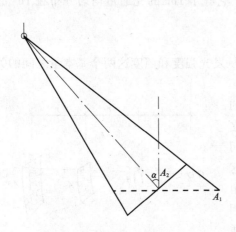

图 1-7 不同平面上形成的照度

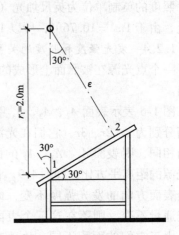

图 1-8 点光源在绘图桌面上产生的照度

1.2.5 亮度

在房间内同一位置，放置了黑色和白色的两个物体，虽然它们的照度相同，但在人眼中却引起不同的视觉感觉，看起来白色物体亮得多。这说明物体表面的照度并不能直接表明人眼对它的视觉感觉。下面我们就从视觉过程来考查这一现象：

一个发光（或反光）物体，在眼睛的视网膜上成像，视觉感觉和视网膜上物像的照度成正比，物像的照度愈大，我们觉得被看的发光（或反光）物体愈亮。视网膜上物像的照度是由物像的面积（它与发光物体的面积有关）和落在这面积上的光通量（它与发光体朝视网膜上物像方向的发光强度有关）所决定。它表明：视网膜上物像的照度是和发光体在视线方向的投影面积 $A\cos\alpha$ 成反比，与发光体朝视线方向的发光强度 I_α 成正比。我们把这一概念称为亮度，并可写成：

$$L_\alpha = I_\alpha/A\cos\alpha \tag{1-8}$$

因此亮度可定义为：发光体在视线方向上单位投影面积发出的发光强度。

由于物体表面亮度在各个方向不一定相同，因此常在亮度符号的右下角注明角度，它表示与表面法线成 α 角方向上的亮度。亮度的常用单位为坎德拉每平方米（cd/m^2），它等于 $1m^2$ 表面上，沿法线方向（$\alpha=0°$）发出 1cd 的发光强度。

即 $1\dfrac{cd}{m^2} = \dfrac{1cd}{1m^2}$

有时用另一较大单位——熙提（符号为 sb），它表示 1cm² 面积上发出 1cd 时的亮度单位。很明显 1sb = 10000cd/m²。常见的一些物体亮度值如下：

白炽灯灯丝　　　　　　　　300～500sb

荧光灯管表面　　　　　　　0.8～0.9sb

太阳　　　　　　　　　　　20 万 sb

无云蓝天（天空和太阳的角距离不同，其亮度也不同）0.2～2.0sb

亮度的英制单位为英尺朗伯（fl）。它表示在 1ft² 视看面积上发出 1cd 时的亮度。因 1m² = 10.76ft²，很显然：1fl = 10.76cd/m²。

亮度反映了物体表面的物理特性；而我们主观所感受到的物体明亮程度，除了与物体表面亮度有关外，还与我们所处环境的明暗程度有关。例如同一亮度的表面，分别放在明亮和黑暗环境中，我们就会感到放在黑暗中的表面比放在明亮环境中的亮。为了区别这两种不同的亮度概念，常将前者称为"物理亮度（或称亮度）"，后者称为"表观亮度（或称明亮度）"。图 1-9 是通过大量主观评价获得的实验数据整理出来的亮度感觉曲线。从图中可看出，相同的物体表面亮度（同一横坐标），在不同的环境亮度时（不同曲线），产生不同的亮度感觉（纵坐标）。从图中还可看出，要想在不同适应亮度条件下（如一个房间，晚间和白天的环境明亮程度不一样，适应亮度也就不一样），获得相同的亮度感觉，就需要根据以上关系，确定不同的表面亮度。

1.2.6 照度和亮度的关系

照度和亮度的关系是指光源亮度和它所形成的照度间的关系。如图 1-10 所示，设 A 为各方向亮度都相同的发光面，在它表面上取一微元面积 dA。由于 dA 的尺寸和它距被照面间的距离 r 相比，显得很小，故可视为点光源。这样，它在被照面上的 P 点处形成的照度为：

$$dE = I_\alpha \cos\theta / r^2 \tag{a}$$

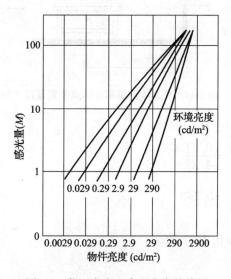

图 1-9　物理亮度和表观亮度的关系

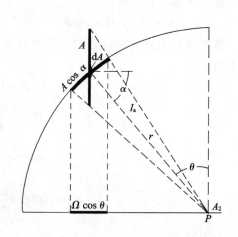

图 1-10　照度和亮度的关系

由亮度和发光强度的关系式（1-8）得出：

$$I_\alpha = L_\alpha \mathrm{d}A\cos\alpha \qquad (b)$$

将式（b）代入式（a）得出：

$$\mathrm{d}E = L_\alpha(\mathrm{d}A\cos\alpha\cos\theta)/r^2 \qquad (c)$$

式中（$\mathrm{d}A\cos\alpha$）$/r^2$ 是以 P 为顶点，由 $\mathrm{d}A$ 所成的立体角 $\mathrm{d}\Omega$，故式（c）可写成

$$\mathrm{d}E = L_\alpha \mathrm{d}\Omega\cos\theta$$

整个发光表面 A 在 P 点形成的照度为：

$$E = \int L_\alpha \mathrm{d}\Omega\cos\theta$$

因光源在各方向的亮度相同，则

$$\mathrm{d}E = L_\alpha \Omega\cos\theta \qquad (1\text{-}9)$$

这就是常用的立体角投影定律。它表示某一亮度为 L_α 的发光表面在被照面上形成的照度，是这一发光表面的亮度 L_α 与该发光表面在被照点上形成的立体角 Ω 在被照面的投影（$\Omega\cos\theta$）的乘积。这一定律表明：某一发光表面在被照面上形成的照度，仅和发光表面的亮度及其在被照面上形成的立体角投影有关，而和该发光表面面积的绝对值无关。在图 1-10 中 A 和 $A\cos\alpha$ 的面积不同，但由于它们在被照面上形成立体角的投影相同，只要它们在被照面方向的亮度相同，那么，它们在被照面上形成的照度就是一样。立体角投影定律适用于光源尺寸相对于它与被照点距离较大时。

【例 1-3】 在侧墙和屋顶上各有一个 $1\mathrm{m}^2$ 的窗洞，它们与室内桌子的相对位置见图 1-11，设通过窗洞看见的天空亮度为 1sb，试分别求出各个窗洞在桌面上计算点 P 形成的照度（设桌面与侧窗窗台等高）。

【解】 窗洞可视为一发光表面，其亮度等于透过窗洞看见的天空亮度，在本例题中天空亮度为 1sb，即 $10000\mathrm{cd/m}^2$。

按立体角投影定律：

$$E = L_\alpha \times \Omega \times \cos\theta$$

按侧窗和天窗分别计算出它们在计算点 P 上的照度。

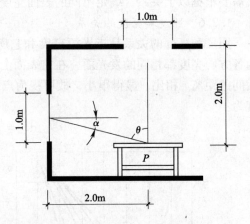

图 1-11 例 1-4 窗洞和计算点位置及尺寸图

侧窗时

$$\Omega = 1 \times \cos\alpha/r^2$$

$$\Omega = \frac{1 \times \cos\alpha}{2^2 + 0.5^2} = \frac{0.97}{4.25}$$

$$\cos\theta = \frac{0.5}{\sqrt{4.25}} = 0.243$$

$$E_w = 10000 \times \frac{0.97}{4.25} \times 0.243 = 555\mathrm{lx}$$

天窗时

$$\Omega = \frac{1}{4}$$
$$\cos\theta = 1$$
$$\theta = 0°$$
$$E_w = 10000 \times \frac{1}{4} \times 1 = 2500 \text{lx}$$

1.3 材料的光学性质

在日常生活中，我们所看到的光，大多数是经过物体反射或透射的光。窗扇装上不同的玻璃，就产生不同的光效果。装透明玻璃，从室内可以清楚地看到室外景色；换上磨砂玻璃后，只能看到白茫茫的一块玻璃，室外的景色无法看到，同时室内的采光效果也完全不同。窗口装上普通透明玻璃，阳光可直接射入室内，在阳光照射处照度很高，地面显得很亮。而其余地方只有反射光，所以就显得暗得多；而窗口装上磨砂玻璃，它使射入的光线分散射向四方，所以整个房间都比较明亮。由此可见，我们应对材料的光学性质有所了解，根据它们的不同特点，合理地应用于不同的场合，才能达到预期的目的。下面简要地介绍透光和反光材料的光学性能：

1.3.1 定向反射和透射

光线射到表面很光滑的不透明材料上，就出现定向反射现象。它具有下列特点：① 光线入射角等于反射角；② 入射光线、反射光线以及反射表面的法线处于同一平面，见图1-12。玻璃镜、磨得很光滑的金属表面都具有这种反射特性，这时在反射光方向可以很清楚地在反射面上看到光源的形象，但眼睛（或光滑表面）只要稍微改变位置，我们就看不见光源形象。例如人们照镜子，只有当入射光（本人形象的亮度）、镜面的法线和反射光在同一平面上，而反射光又刚好射入人眼时，人们才能看到自己的形象。利用这一特性，将这种表面放在合适位置，就可以将光线反射到需要的地方，或避免光源在视线中出现。如布置镜子和灯具时，必须使人所在垂直面获得最大的照度，同时又不能让刺眼的灯具反射形象进入人眼。我们就可利用这种反射法则来考虑灯的位置。如图1-13中，人在A的位置时，就能清晰地看到自己的形象，看不见灯的反射形象。而人在B处时，就会在镜中看到灯的明亮反射形象，影响照镜子的效果。

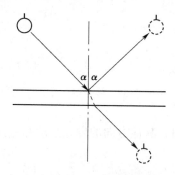

图1-12 定向反射和透视

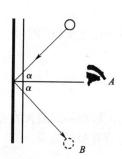

图1-13 避免受定向反射影响的办法

光线射到透明材料上则产生定向透射。如材料的两个表面彼此平行，则透过材料的光线方向和入射方向保持一致。例如，隔着质量好的窗玻璃，就能很清楚地、毫无变形地看到另一侧的景物。

材料反射（或透射）后的光源亮度和发光强度，因材料的吸收和反射，而比光源原有亮度和发光强度有所降低，其值为

$$L_\tau = L \times \tau \text{ 或 } L_\rho = L \times \rho \tag{1-10}$$

$$I_\tau = I \times \tau \text{ 或 } I_\rho = I \times \rho \tag{1-11}$$

式中　L_τ（L_ρ）、I_τ（I_ρ）——分别为经过透射后的光源亮度和发光强度；

L、I——分别为光源原有亮度和发光强度；

τ、ρ——分别为材料的光透射比和光反射比。

如果玻璃质量不好，两个表面不平，各处厚薄不匀，各处的折射角就会不同，透过材料的光线互不平行，隔着它所见到的物体形象就发生变形。人们利用这种效果，将玻璃的一面做上各种花纹，使玻璃二侧表面互不平行，因而光线折射不一，使外界形象严重歪曲，达到模糊不清的程度，这样既看不清另一侧的景物，不致分散人们的注意力，又不会过分地影响光线的透过，保持室内采光效果；同时也避免室内的活动可从室外一览无余。

1.3.2 扩散反射和透射

半透明材料使入射光线发生扩散透射，表面粗糙的不透明材料使入射光线发生扩散反射，使光线分散在更大的立体角范围内。这类材料又可按其扩散特性分为两种。

(1) 均匀扩散材料

这类材料将入射光线均匀地向四面八方反射或透射，从各个角度看，其亮度完全相同，看不见光源形象。均匀扩散反射（漫反射）材料有氧化镁、石膏等。但大部分无光泽、粗糙的建筑材料，如粉刷、砖墙等都可以近似地看成这一类材料。均匀扩散透射（漫透射）材料有乳白玻璃和半透明塑料等，透过它看不见光源形象或外界景物，只能看见材料的本色和亮度上的变化，人们常将它用作灯罩、发光顶棚，以降低光源的亮度，减少刺眼程度。这类材料用矢量表示的亮度和发光强度分布见图1-14，图中实线为亮度分布，虚线为发光强度分布。均匀扩散材料表面的亮度可用下列公式计算：

对于反射材料：

$$L(\text{cd/m}^2) = E(\text{lx}) \times \rho/\pi \tag{1-12}$$

对于透射材料：

$$L(\text{cd/m}^2) = E(\text{lx}) \times \tau/\pi \tag{1-13}$$

如果用另一亮度单位阿熙提（asb），则：

$$L(\text{asb}) = E(\text{lx}) \times \rho \tag{1-14}$$

$$L(\text{asb}) = E(\text{lx}) \times \tau \tag{1-15}$$

显然：

$$1\text{asb}/\pi = 1\text{cd/m}^2$$

均匀扩散材料的最大发光强度在表面的法线方向，其他方向的发光强度和法线方向发光强度的值有如下关系：

$$I_\alpha = I_0 \times \cos\alpha \tag{1-16}$$

式中的 α 即表面法线和某一方向间的夹角，这一关系式称"朗伯余弦定律"。

(2) 定向扩散材料

某些材料同时具有定向和扩散两种性质。它在定向反射（透射）方向，具有最大的亮度。而在其他方向也有一定亮度。这种材料的亮度和发光强度分布见图1-15。图中实线表示亮度分布，虚线表示发光强度分布。

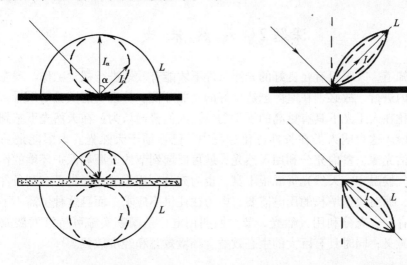

图1-14　均匀扩散反射和透射　　　　图1-15　定向扩散反射和透射

具有这种性质的反光材料如光滑的纸、较粗糙的金属表面、油漆表面等。这时在反射方向可以看到光源的大致形象，但轮廓不似定向反射那样清晰，而在其他方向又类似扩散材料具有一定亮度，但不似定向反射材料那样没有亮度。这种性质的透光材料如磨砂玻璃，透过它可看到光源的大致形象，但不清晰。

图1-16表示不同桌面处理的光效果。在图1-16（a）是一常见的办公桌表面处理方法——深色的油漆表面，由于它具有定向扩散反射特性，在桌面上看到两条明显的荧光灯反射形象，但边沿不太清晰。这两条明显的荧光灯反射形象，在深色桌面衬托下感到特别刺眼，对工作很有影响。而在图1-16（b）中，办公桌的左半侧，已用一浅色均匀扩散材料代替原有的深色油漆表面，由于它的均匀扩散性能，使反射光通量均匀分布，故其表面明亮度均匀，看不见荧光灯管形象，给工作创造了良好的视觉条件。

（3）避免眩光

眩光就是在视野中，由于不适宜亮度分布，或在空间或时间上存在着极端的亮度对比，以致引起视觉不舒适和降低物体可见度的视觉条件。根据眩光对视觉的影响程度，可分为失能眩光和不舒适眩光。降低视觉功效和可见度的眩光称为失能眩光。出现失能眩光后，就会降低目标和背景间的亮度对比，使视度下降，甚至丧失视力。而引起不舒适感觉，但并不一定降低视觉功效或可见度的眩光称为不舒适眩光。不舒适眩光会影响人们的注意力，长时间就会增加视觉疲

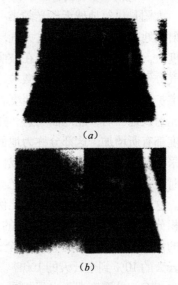

图1-16　不同桌面材料的光效果

劳。如日常在办公桌上玻璃板里出现灯具的明亮反射形象就属这种情况。这是常见的又容易被人们忽视的一种眩光。对于室内光环境来说，只要将不舒适眩光限制在允许的限度范围内，一般失能眩光也就消除了。

课题2 天然采光

由课题1知道，人眼只有在良好的光照条件下才能有效地进行视觉工作。现在大多数工作都是在室内进行，故必须在室内创造良好的光照环境。从视功能试验结果看，人眼在天然光条件下比在人工光下具有更高的视觉功效。人们普遍认为：在天然光下感到舒适和有益于身心健康。这表明人类在长期进化过程中，已习惯于天然光。太阳能是一种巨大的、安全的清洁光源，室内充分利用天然光，就可以起到节约资源和保护环境的作用。我国地处温带，气候温和，天然光资源很丰富，也为充分利用天然光提供了有利条件。

另一方面，面对快速增长的用电需要，电力往往供不应求，而且这种供需不平衡的情况，仍将继续存在。充分利用天然光，节约照明用电，是国家实施可持续发展战略的需要，有重要的意义；同时具有巨大的生态效益、环境效益和经济效益。

2.1 天然采光基本知识

2.1.1 光气候和采光标准

（1）光气候

在天然采光的房间里，室内光环境是随着室外天气的变化而改变。因此，要设计好室内采光，必须对当地的室外照度状况以及影响它变化的气象因素有所了解，以便在设计中采取相应措施，保证采光需要。所谓光气候就是由太阳直射光、天空扩散光和地面反射光形成的天然光平均状况。下面简要地介绍一些光气候知识。

1）天然光的组成和影响因素

太阳是供给地球天然光的惟一来源。由于地球与太阳相距很远，故可认为太阳光是平行地射到地球上。太阳光穿过大气层时，一部分透过它射到地面，称为太阳直射光，它形成的照度大，并具有一定方向，在被照射物体的背后出现明显的阴影。另一部分碰到大气层中的空气分子、灰尘、水蒸气等微粒，产生多次反射，使天空具有一定亮度，形成天空扩散光。天空扩散光在地面上形成的照度较低，没有一定方向，不能形成阴影。太阳直射光和天空扩散光射到地面后，经地面反射，并在地面与天空之间产生多次反射，使地面的照度和天空的亮度都有所增加，这部分称为地面反射光。由于地面反射光对室内光环境影响较小，故在进行采光计算时，除地面被白雪或白砂覆盖的情况外，可不考虑地面反射光影响。由此，全云天时室外天然光只有天空扩散光。晴天时，室外天然光由太阳直射光和天空扩散光两部分组成。这两部分光在总照度中的比例随着天空中的云量（云量划分为0～10级，它表示天空总面积分为10份，其中被云遮住的份数）和云是否将太阳遮住而改变。太阳直射光在总照度中的比例由无云天时的90%到全云天时的零；天空扩散光则相反，在总照度中所占比例由无云天的10%到全云天的100%。随着两种光线所占比例的不同，地面上阴影的明显程度也随之改变，总照度大小也不相同。现在，我们分别按不同天气来看室外光气候变化情况。

A 晴天 它是指天空无云或很少云，如以云量来表示，晴天的云量为0～3级，这时地面照度是由太阳直射光和天空扩散光两部分组成。这两部分光的照度值都是随太阳在天空位置的升高而增大,只是扩散光在太阳高度角较小时(日出、日落前后)变化快,到太阳高度角较大时变化趋小。而太阳直射光照度在太阳高度角较小时变化慢,太阳高度角较大时变化快。因此,太阳直射光照度在总照度中所占比例是随太阳高度角的增加而迅速变大,阴影也随之而更明显,晴天室外照度变化情况见图1-17 两种光线的组成比例还受大气透明度的影响。透明度愈高,直射光占的比例愈大。

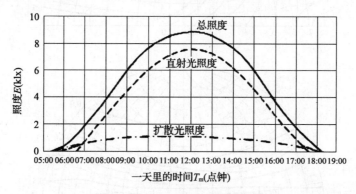

图1-17 晴天室外照度变化情况

从立体角投影定律已经知道,室内某点的照度是取决于从这点通过窗口所看到的那一块天空的亮度。为了在采光设计中应用标准化的光气候数据,国际照明委员会(CIE)根据世界各地对天空亮度观测的结果,提出了CIE标准晴天空亮度分布的数学模型。它表明:晴天空亮度分布是随大气透明度、太阳和计算点在天空中的相对位置而变的。最亮处在太阳附近,离太阳愈远,亮度愈低,在太阳子午圈(它是通过太阳和天顶的剖面线)上,与太阳成90°处达到最低。由于太阳在天空中的位置是随时间而改变的,因此天空亮度分布也是变化不定的。图1-18(a)给出当太阳高度角为40°时的无云天天空亮度分布。图中所列值是以天顶亮度为1的相对值。从这里可看出,太阳所在的半边天空亮度比另一半天空亮度高得多。因此,建筑物的朝向对采光影响很大。朝阳房间(如朝南)面对太阳所处的半边天空亮度较高,房间内照度也高;而背阳房间(如朝北)面对的是低亮度天空,故这些房间的照度就比朝阳房间的照度低得多。而在朝阳房间中,如太阳光射入室内,则在太阳照射处具有很高的照度,而其他地方的照度是由天空扩散光形成,其照度就低得多。这在室内产生很大的明暗对比,而这种明暗面的位置和比值又不断改变,使室内采光状况很不稳定。

B 全云天(阴天) 这时天空全部为云所遮盖,看不见太阳,因此室外天然采光全部为扩散光,物体后面没有阴影。这时地面照度取决于:

(A) 太阳高度角 中午时刻比早晚的照度高。

(B) 云状 不同的云由于它们的组成成分不同,对光线的影响也不同。低云云层厚,位置靠近地面,它主要由水蒸气组成,故遮挡和吸收大量光线,如下雨时的云,这时天空亮度降低,地面照度也很小。高处的云是由冰晶组成,反光能力强,此时天空亮度达到最大,地面照度也高。

(C) 地面反射能力 由于光在云层和地面间多次反射,使天空亮度增加,地面上的照度也显著提高,特别是当地面积雪时,地面照度比无雪时提高可达1倍以上。

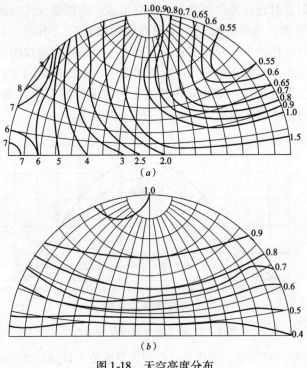

图 1-18 天空亮度分布
(a) 无云天；(b) 全云天；*—太阳位置

(D) 大气透明度 如工业区烟尘对大气的污染，使大气杂质增加，大气透明度降低。于是，室外照度大大降低。

以上四个因素都影响室外照度，而它们本身在一天中也是变化的，必然也使室外照度随之变化，只是其变化幅度没有晴天那样剧烈。

至于全云天的天空亮度分布，则是相对稳定的，它不受太阳位置的影响，近似地按下式变化（此式由蒙-斯本塞 Moon—Spencer 提出）：

$$L_\theta = \frac{1 + 2\sin\theta}{3} L_z \tag{1-17}$$

式中 L_θ——仰角为 θ 的天空的亮度（cd/m^2）；

L_z——天顶亮度（cd/m^2）；

θ——计算天空亮度处的高度角（仰角）。

上式被国际照明委员会（CIE）采纳为标准全云天计算式，经我国几个地方实测资料验证，也基本上符合我国情况。

由式（1-17）可知，全云天时天顶亮度最大，它是地平线附近天空亮度的 3 倍。

全云天的天空亮度分布见图 1-18（b）。由于阴天的亮度低，亮度分布相对稳定，而且，朝向对室内照度分布影响小，因而使室内照度较低，照度分布也较稳定。这时，室外地面照度（以 lx 为单位）在数值上等于高度角为 42°处的天空亮度（以 asb 为单位），即：

$$E_w(\text{lx}) = L_{42}(\text{asb}) \tag{1-18}$$

式中 L_{42}——为高度角 42°处的天空亮度。

由式（1-18）和立体角投影定律可以导出天顶亮度与地面照度在数量上的关系为

$$E_\mathrm{w}(\mathrm{lx}) = \frac{7\pi L_z}{9}\left(\frac{\mathrm{cd}}{\mathrm{m}^2}\right) \tag{1-19}$$

式（1-18）还可导出阴天室外垂直面照度为

$$E_\mathrm{v} = E_\mathrm{w} \times 0.936 \tag{1-20}$$

除了晴天和全云天这两种极端状况外，还有多云天。多云天时，云的数量和在天空中的位置瞬时变化，太阳时隐时现，因此照度值和天空亮度分布都极不稳定，其不稳定程度大大超过上述两种天空时的状况。这说明光气候是错综复杂的，需要从长期的观测中找出其规律。目前多采用全云天作为设计依据，这显然不适合于晴天或多云天多的地区，所以有人提出按所在地区占优势的天空状况或按"平均天空"来进行设计和计算。

2）我国光气候概况

从上述可知，影响室外地面照度的因素主要有：太阳高度、云状、云量、日照率（太阳出现时数和理论上应出现时数之比）。我国地域辽阔，同一时刻南北方的太阳高度相差很大。从日照率来看，由北、西北往东南方向逐渐减少，而以四川盆地一带为最低。从云量来看，大致是自北向南逐渐增多，新疆南部最少，华北、东北少，长江中下游较多，华南最多，四川盆地特多。从云状来看，南方以低云为主，向北逐渐以高、中云为主。这些特点说明，天然光照度中，南方以天空扩散光照度较大，北方和西北以太阳直射光为主。

为了获得较长期完整的光气候资料，中国气象科学研究院和中国建筑科学研究院于1983年到1984年期间组织了北京、重庆等气象台、站对室外地面照度进行了两年的连续观测。在观测中还对日辐射强度和照度进行了对比观测，并搜集了观测时的各种气象因素。

通过这些资料分析出日辐射值与照度的比值——辐射光当量 K 与各种气象因素间的关系。利用这种关系就可以得出各地区的辐射光当量值。通过各地区的辐射光当量值与当地多年日辐射观测值换算出该地区的照度资料。图1-19就是利用这种方法得出的全国135个点的照度数据绘制成的全国年平均总照度分布图。

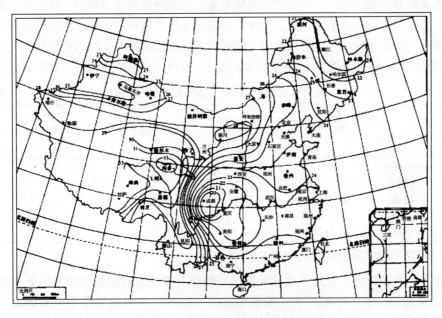

图1-19 全国年平均总照度分布图（klx）

从图 1-19 中看出我国各地光气候的分布趋势：全年平均总照度最低值在四川盆地，这是因为这一地区全年日照率低、云量多，并且多属低云所致。

（2）采光标准

《建筑采光设计标准》GB/T/50033—2001 是采光设计的基本依据。下面介绍该标准的主要内容：

1）采光系数

室外照度是经常变化的，这必然使室内照度随之而变，不可能是一固定数值，因此对采光数量的指标，我国和其他许多国家一样，都用相对值。这一相对值称采光系数（C），它是室内给定水平面上某一点的由全阴天天空漫射光所产生的照度（E_n）和同一时间同一地点，在室外无遮挡水平面上由全阴天天空漫射光所产生的照度（E_w）的比值，即

$$C = \frac{E_n}{E_w} \times 100\% \tag{1-21}$$

利用采光系数这一概念，就可根据室内要求的照度换算出需要的室外照度，或由室外照度值求出当时的室内照度，而不受照度变化的影响，以适应天然光多变的特点。

2）采光系数标准值

概述中已经介绍，不同的视看对象要求不同的照度，而照度在一定范围内是愈高愈好，照度愈高，工作效率愈高。但高照度意味着投资大，故它的确定必须既考虑到视觉工作的需要，又照顾到经济上的可行性和技术上的合理性。采光标准综合考虑了：视觉试验结果；已建成建筑物的采光现状；采光口的经济分析；我国光气候特征；我国国民经济发展等因素，将视觉工作分为Ⅰ～Ⅴ级，提出了各等级视觉工作要求的天然光照度最低值为 250、150、100、50、25lx。我们把室内完全利用天然光进行工作时的室外天然光最低照度称为"临界照度"，也就是室内开始需要采用人工照明时的室外照度值。这一值的确定，影响开窗大小、人工照明使用时间长短等，具有一定的经济意义。经过不同临界照度值对各种费用的综合比较，还考虑到开窗的可能性，我国的采光标准规定临界照度值为 5000lx。确定这一值后就可将室内天然光照度换算成采光系数。由于不同的采光口类型在室内形成不同的光分布，故采光标准按不同的采光口类型，分别提出不同的要求。顶部采光时，室内照度分布均匀，采光系数采用平均值。侧面采光时，室内光线变化大，故用采光系数最低值。具体值见表 1-1。

视觉作业场所工作面上的采光系数标准值　　　　表 1-1

采光等级	视觉作业分类		侧面采光		顶部采光	
	作业精确度	识别对象的最小尺寸 d (mm)	采光系数最低值 C_{min} (%)	室内天然光照度 (lx)*	采光系数平均值 C_m (%)	室内天然光照度 (lx)*
Ⅰ	特别精细	$d \leq 0.15$	5	250	7	350
Ⅱ	很精细	$0.15 < d \leq 0.3$	3	150	4.5	225
Ⅲ	精细	$0.3 < d \leq 1.0$	2	100	3	150
Ⅳ	一般	$1.0 < d \leq 5.0$	1	50	1.5	75
Ⅴ	粗糙	$d \geq 5.0$	0.5	25	0.7	35

注：＊即在室外天然光临界刚度时的室内天然光照度。

从表 1-1 中可看出，采光系数标准值的高低是根据视看对象的大小和采光口类型而定的。在《建筑采光设计标准》中，采光系数标准值是按房间的工作性质来确定，办公建筑和学校建筑的采光系数标准值见表 1-2 与表 1-3。

办公建筑的采光系数标准值　　　　　　　　　表1-2

采光等级	房间名称	侧面采光	
		采光系数最低值 C_{min}（%）	室内天然光临界照度（lx）
Ⅱ	设计室、绘图室	3	150
Ⅲ	办公室、视屏工作室、会议室	2	100
Ⅳ	复印室、档案室	1	50
Ⅴ	走道、楼梯间、卫生间	0.5	25

学校建筑的采光系数标准值　　　　　　　　　表1-3

采光等级	房间名称	侧面采光	
		采光系数最低值 C_{min}（%）	室内天然光照度（lx）
Ⅲ	教室、实验室、报告厅	2.0	100
Ⅳ	走道、楼梯间、卫生间	0.5	25

3）光气候分区

我国地域辽阔，各地光气候有很大区别，从图1-19中可看出：西北广阔高原地区室外总照度年平均值（从日出后半小时到日落前半小时全年日平均值）高达31.46klx。而四川盆地及东北北部地区则只有21.18klx，相差达30%。若采用同一采光标准值是不合理的，故采光标准将全国划分为Ⅰ～Ⅴ个光气候分区（图1-20）。在《建筑采光设计标准》中所列采光系数标准值适用于Ⅲ类光气候区。其他地区应按它所处不同的光气候区，选择相应的光气候系数（光气候系数见表1-4）。各区具体的采光系数标准值，为采光标准各表所列采光系数标准值乘上各区的光气候系数。

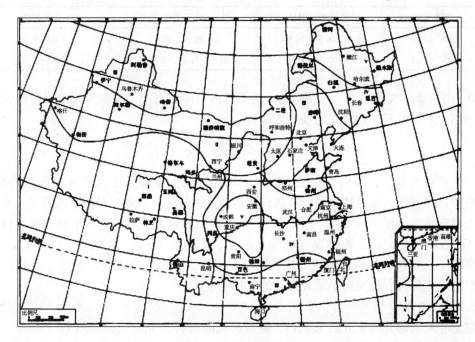

图1-20　光气候分区

光气候系数   表1-4

光气候区	Ⅰ	Ⅱ	Ⅲ	Ⅳ	Ⅴ
K 值	0.85	0.90	1.00	1.10	1.20
室外临界照度值 E_1（lx）	6000	5500	5000	4500	4000

4）采光质量

A. 采光均匀度 视野内照度分布不均匀，易使人眼疲乏，视功能下降，影响工作效率。因此，要求房间内的照度分布有一定的均匀度（即在假定工作面上的采光系数最低值与平均值之比，也可认为是室内照度最低值与室内照度平均值之比）。采光标准提出顶部采光时，Ⅰ~Ⅳ级采光等级的采光均匀度要求不得小于0.7。侧面采光时，由于室内照度不可能做到均匀，以及顶部采光时，Ⅴ级视觉工作需要的开窗面积小，较难照顾采光均匀度，故此时对均匀度未作规定。

B. 防止眩光 在侧窗采光房间里，窗口位置较低，对于视线处于水平的工作场所极易形成不舒适眩光。标准提出可采取以下措施来减少窗口眩光：

（A）作业区应减少或避免直射阳光；
（B）工作人员的视觉背景不宜为窗口；
（C）可采取室内外遮挡设施来减少窗亮度或减少窗的视域；
（D）窗结构的内表面和窗周围的内墙面宜采用浅色饰面。

标准还提出要采取措施来防止反射眩光。

C. 合适的光反射比 在办公、图书馆、学校等建筑的房间内，各表面的光反射比宜符合表1-5的规定。

合理的光反射比（ρ）   表1-5

表面名称	光反射比	表面名称	光反射比
顶棚	0.70~0.80	地面	0.20~0.40
墙面	0.50~0.70	桌面，工作台，设备表面	0.25~0.45

D. 防止紫外线的进入 在博物馆、美术馆内，应尽可能消除紫外辐射、限制天然光照度和减少照射时间，以防止对展品的危害。

2.2 采 光 口

为了获得天然光，人们在房屋的外围护结构（墙、屋顶）上开了各种形式的洞口，装上各种透光材料，如玻璃、乳白玻璃或其他透光材料等，它既可以使室内明亮，又可使室内免受自然界的侵袭（如风、雨、雪等）。这些装有透光材料的孔洞统称为采光口。按照采光口所处位置，可分为侧窗（安装在墙上，称侧面采光）和天窗（安装在屋顶上，称顶部采光）两种。有的建筑同时兼有侧窗和天窗，称为混合采光。下面介绍几种常用采光口的采光特性，以及影响采光效果的各种因素。

2.2.1 侧窗

它是在房间的外墙上开的采光口，是最常见的一种采光形式，如图1-21所示。侧窗的构造简单，不受建筑物层数的限制，布置方便，造价低廉；光线具有明确的方向性，有利于形成阴影，对观看立体物件特别适宜；并可通过它看到外界景物，扩大视野，与外界取得视觉联系；故使用很普遍。窗底边的高度一般设置在离地 1m 左右。有时为了争取更多的可用墙面，或为了提高房间深处的照度以及其他原因，将窗底提高到离地 2m 以上，这种侧窗称高侧窗（图 1-21（b））。高侧窗常用于展览建筑，以争取更多的展出墙面；用于厂房，以提高房间深处照度；用于仓库，以增加贮存空间。侧窗通常做成长方形。实验表明，就室内采光量（室内各点照度总和）而言，在采光口面积相等，并且窗底边标高相同时，正方形窗口采光量最高，竖长方形次之，横长方形最少。但从照度均匀性来看，竖长方形在房间进深方向均匀性好，横长方形在房间宽度方向较均匀（见图 1-22），而方形窗居中。所以窗口形状应结合房间形状来选择，如窄而深的房间宜用竖长方形窗，宽而浅的房间宜用横长方形窗。

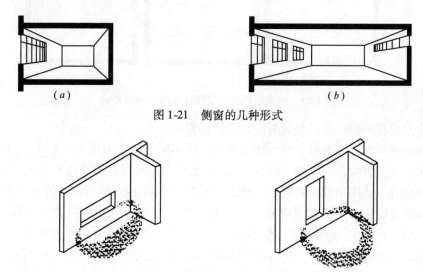

图 1-21　侧窗的几种形式

图 1-22　不同形状侧窗的光线分布

在沿房间进深方向的采光均匀性，最主要的是受窗位置高低的影响。图 1-23 给出侧窗形状和位置对室内天然光分布的影响。图 1-23 下面三个图是通过窗中心的剖面图。图中的曲线表示同一剖面的工作面上不同点的采光系数。上面三个图是平面上的采光系数分布图，同一条曲线上的采光系数值相同。图 1-23（a）、（b）表明当窗面积相同，仅位置高低不同时，室内采光系数分布的差异。由图中可看出：低窗时（图 1-23a），近窗处采光系数很高，往里则迅速下降，在内墙处采光系数已很低。当窗的位置提高后（图 1-23b），虽然靠近窗口处采光系数有所下降（低窗时这里最高），但离窗口远的地方采光系数却提高不少，均匀性得到很大改善。影响房间横向采光均匀性的主要因素是窗间墙，窗间墙愈宽，横向均匀性愈差，特别是靠近外墙地带。图 1-23（c）是有窗间墙的侧窗采光的房间，这时窗面积和图 1-23（a）、（b）相同。由于窗间墙的存在，靠墙地带照度很不均匀，如在这里布置工作面（一般都有），工作面上的光线就很不均匀。如采用通长窗（图 1-23a、b 两种情况），靠墙地带的采光系数虽然不一定很高，但很均匀。因此沿外墙布置连续的工作面时，应尽可能将窗间墙的宽度缩小，以减少光线的不均匀性，或将工作面离墙布置，避开不均匀地带。

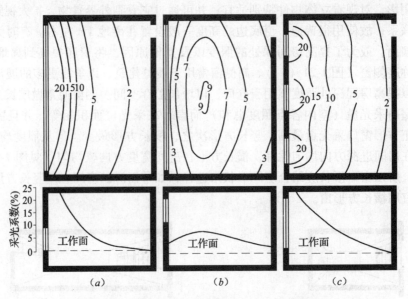

图 1-23 侧窗的形状和位置对室内光线的影响

下面我们来看侧窗尺度、位置对室内采光的影响：

窗面积的减少，肯定会减少室内的采光量，但不同的减少窗面积的方式，却对室内采光状况带来不同的影响。图 1-24 表示窗上沿高度不变，用提高窗底高度来减少窗面积对室内采光的影响。从图中曲线可看出，随着窗底高度的提高，室内深处的照度变化不大，但近窗处的照度明显下降，而且拐点（空心圈，它表示照度从最高开始往下降的转折点位置）往内移。图 1-25 表明窗底高度不变，窗上沿高度变化对室内采光的影响。随着窗面积的减少，近窗处照度变小，但不像图 1-24 中的变化大，而且没有出现拐点。离窗远处照度的下降逐渐明显。

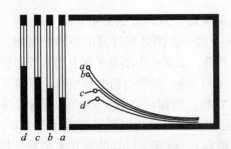   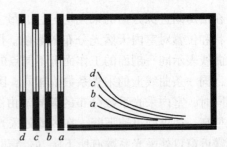

图 1-24 改变窗底高度对室内采光的影响   图 1-25 改变窗上沿高度对室内采光的影响

图 1-26 表明窗高不变，改变窗的宽度使窗面积减小。这时的变化情况可从平面图中的照度曲线看出：随着窗宽的减小，墙角处的暗角面积增大。以上是阴天时的情况，这时窗口形状、位置、面积都对室内采光有影响，而窗口朝向对室内采光状况无关。但在晴天，不仅窗洞尺度、位置对室内采光状况有影响，而且不同朝向的室内采光状况大不相同。图 1-27 给出同一房间在阴天（见曲线 *b*）和晴天窗口朝阳（曲线 *a*）、窗口背阳（曲线 *c*）时的室内照度分布。可以看出：晴、阴天时室内采光状况大不一样。晴天窗口朝阳

时，室内照度高得多，但在窗口背阳时，室内照度比阴天还低。这是由于远离太阳的晴天空亮度往往低于阴天空的亮度的缘故。双侧窗在阴天时，可视为两个单侧窗，虽对着不同的天空，但阴天的天空亮度分布与朝向无关，故照度变化按中间对称分布（图1-28b）。但晴天时，由于两侧窗口所对的天空亮度不同，因此室内照度不是对称变化（图1-28a），朝阳侧的照度高得多。

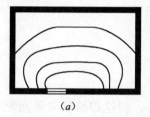 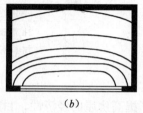

图1-26 窗宽度变化对室内采光的影响

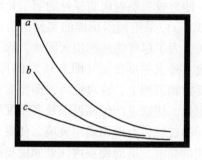 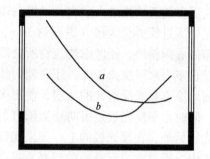

图1-27 天空状况对室内采光的影响　　图1-28 不同天空状况时双侧采光的影响窗的室内照度分布

由上述分析，可以看出窗口相对于太阳的朝向对室内采光状况影响很大。如太阳光进入室内，则不论室内照度的绝对值，还是它的变化梯度都将大大加剧。所以晴天多的地区，对于窗口朝向应慎重考虑，仔细设计。

在北方地区，外墙一般都较厚，挡光较大。为了减少遮挡，最好将靠窗的墙做成喇叭口状（图1-29）。这样做，不仅减少对光的遮挡，而且斜墙面上的亮度增加，可作为窗和室内墙面的过渡平面，

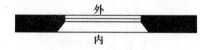

图1-29 改善窗间墙亮度措施

减小了暗的室内墙面和明亮窗口间的亮度对比（常常形成眩光），从而改善室内的亮度分布，提高采光质量。由上述分析可知，侧窗的采光特点是照度沿房间进深下降很快，分布很不均匀，虽可用提高窗位置的办法得到一定程度的改善，但这种办法受到建筑物层高的限制，故这种窗只能保证有限进深的采光要求，一般进深不超过窗高的1.5～3倍。离采光口更深的地方宜采用人工照明补充。

为了克服侧窗采光在纵向照度变化剧烈，在房间深处照度不足的缺点，除了提高窗位置外，还可采用乳白玻璃、玻璃砖等扩散透光材料，如采用将光线折射至顶棚的折射玻璃，则效果更佳。这些材料在一定程度上能提高房间深处的照度，有利于加大房间进深，降低造价。图1-30表明侧窗上分别装普通玻璃（曲线1）、扩散玻璃（曲线2）和定向折光玻璃（曲线3），在室内获得的不同采光效果，以及达到某一采光系数时进深范围。

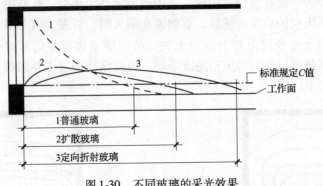

图 1-30 不同玻璃的采光效果

为了提高房屋的经济性,目前有加大房间进深的趋势,但这却给侧窗采光带来困难。为了提高房间深处的照度,除了采用经常性补充照明外,还可采用倾斜顶棚、反光板等措施,使更多的天然光进入室内,以提高顶棚亮度,使之成为照射房间深处的第二光源。图1-31是一大进深办公大楼(进深约30m,层高约5.5m)采用倾斜顶棚的实例。这里,除将顶棚做成倾斜外,还考虑建筑物所处地区多晴天,为了尽可能地利用太阳光,除了沿外墙上设置室内水平反光板外,还在朝南外墙上设置室外水平反光板(图1-31右侧)。反光板表面均涂有高光反射比的涂层,使更多的光线反射到顶棚上,这对提高顶棚亮度有明显效果。同时水平反光板还可防止太阳直射室内近窗处,使这里产生高温以及高照度所形成的眩光。另外,在反光板的上、下采光口采用不同的玻璃,上面用透明玻璃,使更多的光进入室内,通过室内反光板的反光,提高倾斜顶棚的亮度,进而使室内深处照度提高;下面用涂层玻璃,以降低室内近窗处的照度,使整个办公室照度更趋均匀。采取这些措施后,与通常的侧窗采光房屋相比,室内深处的照度提高了50%以上。

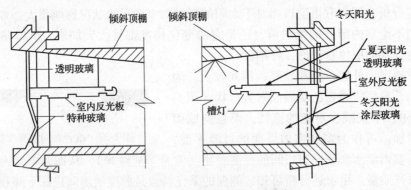

图 1-31 某办公楼采光设计实例

此外,由于侧窗的位置一般较低,人眼很易见到明亮的天空,形成眩光,故在医院、教室等场合应给予充分的注意。为了减少侧窗形成的眩光,可采用水平挡板、窗帘、百叶、绿化等办法加以遮挡。

图1-32是医院病房采光设计。为了减少靠近侧窗卧床病人直接看到明亮的天空,将窗的上部退向室内,这样既减少了卧床病人看到天空的可能性,又不致过分地减少室内深处的照度,这是一个较成功的采光设计方案。这里,还在侧窗上部增加挡板,以进一步减少眩光。近年来,我国一些建筑物采用一种铝合金或表面镀铝的塑料薄片做成的微型百

叶。百叶宽度仅为80mm,可放在双层窗扇间的空隙内。百叶片的倾斜角度可根据需要随意调整,以避免太阳光直接射入室内。同时,它还通过光线的反射,增加射向顶棚的光,有利于提高顶棚的亮度和室内深处的照度。在不需要时,还可将整个百叶收叠在一起,使窗洞完全敞开,最大限度地让天然光进入室内。在夜间不采光时,将百叶片放成垂直状态,使窗洞完全被它遮住,以减少人工照明的光线和热量的外泄,降低电能和热能的损耗。目前存在的问题是清扫百叶片上的灰尘比较困难。

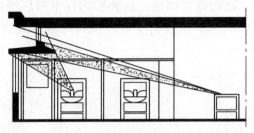

图1-32　医院病房采光设计

在晴天多的地区,朝北房间采光不足,若增加窗面积,则冬天热量损失过大,这时如能将对面建筑(南向)立面处理成浅色,由于太阳在南向垂直面形成很高照度,使墙面成为一个亮度相当高的反射光源,就可使北向房间的采光量增加很多。

另一方面,由于侧窗的位置较低,易受周围物体的遮挡(如对面房屋、树木等),有时这种挡光还很严重,甚至使窗失去作用,故在设计时应使它们之间保持适当距离。

2.2.2　天窗

随着生产的发展,车间面积增大,用单一的侧窗已不能满足生产需要,故在单层房屋中出现顶部采光形式,通称天窗。由于使用要求不同,形成各种不同的天窗形式,下面分别介绍它们的采光特性:

(1) 矩形天窗

矩形天窗是一种常见的天窗形式。它是由装在屋架上的天窗架和天窗架上的窗扇组成。窗扇一般可以开启,也有通风的作用。实质上,矩形天窗相当于提高位置(安装在屋顶上)的高侧窗,它的采光特性也与高侧窗相似。矩形天窗的光分布见图1-33。由图可见,采光系数最高值一般在跨中,最低值在柱子处。由于天窗布置在屋顶上,而且是相对设置的二扇窗,如设计适当,可避免单侧窗照度变化大的缺点,使照度均匀。此外,由于窗口位置高,一般处于视野范围外,不易形成眩光和受外面物体的遮挡。根据试验,矩形天窗的某些尺寸对室内采光影响较大,在设计时应注意选择。

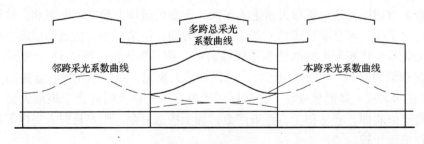

图1-33　矩形天窗采光系数分布曲线

天窗宽度（b_{mo}）它对于室内照度平均值和均匀度都有影响。加大天窗宽度，照度平均值随之增加，均匀性得到改善。但在多跨时，增加天窗宽度就可能造成相邻二跨天窗的互相遮挡。同时，如天窗宽度太大，天窗屋面太宽，本身就需作内排水而使构造趋于复杂。故一般将天窗宽度取建筑跨度（b）的一半左右为宜（图1-34）。

天窗位置高度（h_x）指天窗下沿至工作面的高度，它主要依车间生产工艺对净空高度的要求来确定，但这一尺度影响采光。天窗位置高，采光均匀性好，但照度平均值下降。如将高度降低，则起相反作用。这种影响在单跨厂房中特别明显。从采光角度来看，单跨或双跨车间的天窗位置高度最好是在建筑跨度（b）的0.35~0.7之间（图1-35）。

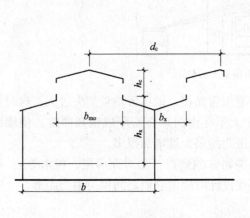

图1-34 矩形天窗尺度

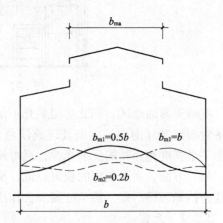

图1-35 单跨车间不同天窗宽度时的照度分布情况

天窗间距（d_c）指天窗轴线间的距离。从照度均匀性来看，它愈小愈好，但这样作将使天窗数量增加，构造复杂，故不可能太密。一般为天窗位置高度的4倍以内为宜。

相邻天窗玻璃间距（b_x）若太近，则互相挡光，影响室内照度，故一般取相邻天窗高度和的1.5倍。天窗高度是指屋面至天窗上沿的高度。

以上四种尺度是互相影响的，在设计时应综合考虑。由于这些限制，矩形天窗的玻璃面积增加到一定程度，室内照度就不再增加，从图1-36中可看出，当窗面积和地板面积的比值（称窗地比）增加到35%时，再增加玻璃面积，室内采光系数值已不再增加。采光系数平均值最高仅为5%（指室内各点的采光系数平均值）。因此，这种天窗常用于中等精密工作的车间，以及车间内有一定通风要求时采用。

为了避免直射阳光透过矩形天窗进入车间，天窗的玻璃面最好朝向南北，这样太阳射入车间的时间最少，而且易于遮挡。如朝向别的方向，应采取相应的遮阳措施。有时为了增加室内采光量，将矩形天窗的玻璃作成倾斜的，称梯形天窗。图1-37为矩形天窗和梯形天窗（玻璃倾角为60°）采光的比较，采用梯形天窗时，室内采光量明显提高（提高约60%），但在均匀度上却明显变差。虽然梯形天窗在采光量上明显优于矩形天窗，但因为它的玻璃处于倾斜面，容易积尘，污染严重，加上构造复杂，阳光易射入室内等原因，故选用时应作慎重比较。

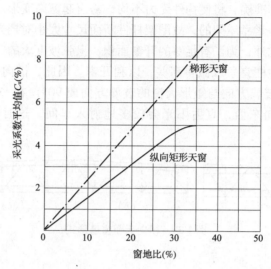

图1-36 矩形、梯形天窗窗地比和采光系数平均值的关系

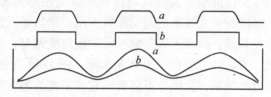

图1-37 矩形天窗和梯形天窗采光比较

（2）横向天窗

横向天窗的透视图如图1-38所示。它是将部分屋面板放在屋架下弦，利用露出的屋架安装窗扇采光。与矩形天窗相比，横向天窗省去了天窗架，降低了建筑高度，简化结构，节约材料。根据有关资料介绍，横向天窗的造价仅为矩形天窗的62%，而采光效果则和矩形天窗差不多。

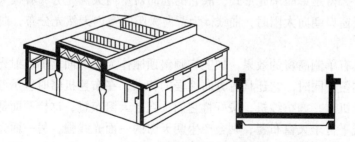

图1-38 横向天窗透视图

由于屋架上弦是倾斜的，故横向天窗窗扇的设置不同于矩形天窗。一般有三种做法：

1) 将窗扇做成横长方形（图1-39a），这样窗扇规格统一，加工、安装都比较方便，但不能充分利用开口面积；

2) 窗扇做成阶梯形（图1-39b），它可以较多地利用开口面积，但窗扇规格多，不利于加工和安装；

3) 将窗扇上沿和屋架上弦平行，做成倾斜的（图1-39c），它可充分利用开口面积，但加工较难，安装稍不准确，将使构件受力不均，易引起窗扇变形。

横向天窗的窗扇是紧靠屋架的，故屋架杆件断面尺寸大小对挡光影响很大，最好使用断面较小的钢屋架。此外，为了有足够的开窗面积，上弦坡度大的三角形屋架不适宜作横向天窗。梯形屋架的边柱宜争取做得高些，以利开窗。因此，横向天窗不宜用于跨度较小的车间。由于它的玻璃方向与矩形天窗的玻璃方向成90°。在一些场合，如采用矩形天窗，它的玻璃就朝向东西，直射阳光会较多地射入车间，这时采用横向天窗就比较适宜。

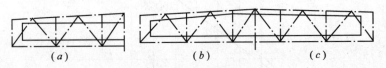

图1-39　横向天窗窗扇形式

（3）锯齿形天窗

锯齿形天窗属单面顶部采光。这种天窗由于倾斜顶棚的反光，采光效率比纵向矩形天窗高，当采光系数相同时，锯齿形天窗的玻璃面积比纵向矩形天窗少15%～20%。它的玻璃也可做成倾斜面，以提高采光效率，但实际很少用。锯齿形天窗的窗口朝向北面天空时，可避免直射阳光射入车间，因而不致影响车间的温湿度调节，故常用于一些需要调节温湿度的车间，如纺织厂的纺纱、织布、印染等车间。图1-40为锯齿形天窗的室内天然光分布情况以及它和朝向的关系，从图中可以看出它的采光均匀性较好。

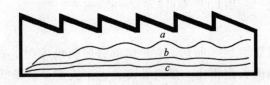

图1-40　锯齿形天窗朝向对采光的影响

由于锯齿形天窗是单面采光形式，故它的朝向对室内天然光分布有很大影响。图1-40中曲线a为晴天窗口朝向太阳时，曲线c为背向太阳的室内天然光分布，曲线b表示阴天的情况。

这种天窗具有单侧高窗的效果，加上有倾斜顶棚作为反射面增加反射光，故比高侧窗的光线分布更均匀。同时，它还具有方向性强的特点，在布置机器时应予考虑。如果是双面垂直工作面的机器，如纺纱机，最好将它们垂直于天窗布置，这样两面都会有较好的照度。若机器轴线平行于天窗布置，则会产生朝天窗的一面光线强，另一面光线弱的缺点。

为了使车间内照度均匀，天窗轴线间距应小于窗下沿至工作面高度的2倍。当厂房高度不大，而跨度相当大时，为了提高照度的均匀性，可在一个跨度内设置几个天窗。锯齿形天窗可保证7%的平均采光系数，能满足精密工作车间的采光要求。

矩形天窗、锯齿形天窗都需增设天窗架，构造复杂，建筑造价高，而且不能保证高的采光系数。横向天窗虽可省去天窗架，降低了建筑高度，简化结构，节约材料，但同样不能保证高的采光系数。为了满足生产工艺等对采光提出的更高要求，产生了其他类型的天窗，如平天窗等。

（4）平天窗

这种天窗是在屋面直接开洞，铺上透光材料（如钢化玻璃、夹丝平板玻璃、玻璃钢、塑料等）。由于不需安装天窗架，降低了建筑高度，简化结构，施工方便。据有关资料介绍，它的造价仅为矩形天窗的21%~31%。由于平天窗的玻璃面接近水平，故它在水平面的投影面（S_b）较同样面积的垂直窗的投影面积（S_a）大，见图1-41。根据立体角投影定律，如天空亮度相同，则平天窗在水平面形成的照度比矩形天窗高，所以它的采光效率比矩形天窗高2~3倍。

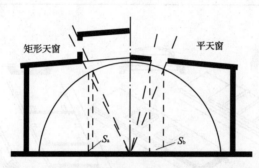

图1-41 矩形天窗和平开窗采光效率比较

平天窗不但采光效率高，而且布置时没有天窗架的限制，可以根据需要，灵活地布置，因而更易获得均匀的照度。图1-42表示平天窗设在屋面的不同位置对室内采光的影响，它说明平天窗在屋面的位置影响到采光均匀度和采光系数平均值。图中三条曲线代表三种窗口布置方案的采光系数曲线，从这些曲线可以看出：

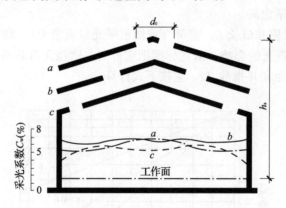

图1-42 平天窗在屋面不同位置对室内采光的影响

1）当天窗布置在屋面中部偏屋脊处（布置方式b），均匀性和采光系数平均值均较好；

2）天窗间距（d_c）对采光均匀性影响较大，为了保持必要的采光均匀性，"标准"推荐采光罩的合理距高比，具体值见表1-6。

平天窗可用于坡屋面（如槽板屋面，如图1-43c）；也可用于坡度较小的屋面上（大型屋面板，如图1-43a、b）。可作成采光罩，如图1-43（b）；采光板，如图1-43（a）；采光带，如图1-43（c）。构造上比较灵活，可以适应不同材料、不同的屋面构造以及不同的采光要求。

推荐的采光罩距离比　　　　　表1-6

光井指数 $WI = (H/D)$	d_c/h_x
0.0	1.25
0.25	1.00
0.50	1.00
1.00	0.75
2.00	0.50

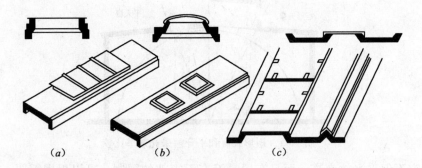

图1-43　平天窗的不同做法

由于防水和安装采光罩的需要,在平天窗开口周围都需设置一定高度的肋,称为井壁。井壁高度和井口面积的比例影响采光口的采光效率。井口面积相对于井壁高度愈大,则进光愈多,采光效率愈高。

图1-44表示平天窗井口长 L、宽 W（或圆形采光口直径 D）、高 H 和井壁表面光反射比 ρ 对平天窗采光口透光的影响,采光标准把它称为井壁挡光折减系数 K_j,具体值见图中纵坐标。图中横坐标为光井指数 WI,它按下式计算：

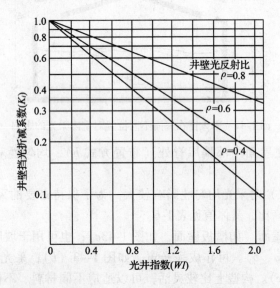

图1-44　平天窗开口尺度与井壁挡光折减系数的关系

$$WI = 0.5H(W+L)/(W \times L) \qquad \text{(矩形窗井口)}$$
$$WI = H/D \qquad \text{(圆形井口)}$$

由图1-44可见，随着 WI 的增大（即井口开口面积相对井壁高较小）；井壁表面光反射比的减小，采光口的透光量迅速减少。这说明应尽可能开大洞口和提高井壁表面光反射比。

增加平天窗采光量的另一种办法是将井壁做成倾斜。如图1-45是将井壁做成不同倾斜时（a—60°；b—45°；c—30°）与垂直井壁（d）时的比较。可以看出，倾斜的井壁，不仅能增加采光量，还能改善采光均匀度（最低采光系数提高）。

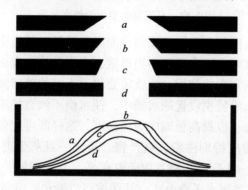

图1-45　井壁倾斜对采光影响

平天窗的面积受制约的条件较少，故室内采光系数可能达到很高的值，以满足各种视觉工作要求。由于它的玻璃面近乎水平，故一般做成固定的；在需要通风的车间，应另设通风屋脊或通风孔，通风孔和采光口的位置应适当远离，以减少由通风口排出气流中的灰尘在玻璃上堆积。有的做成通风采光组合窗，如图1-46，它仅适用于较清洁车间。

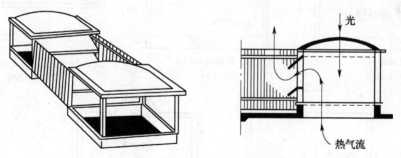

图1-46　通风采光组合窗

平天窗污染较垂直窗严重，特别是在西北多沙尘地区更为突出。但在多雨地区，雨水起到冲刷作用，积尘反而比其他天窗少。故在采光标准中规定，多雨地区平天窗的污染系数可提高一级（即取倾斜天窗值）。

在采用平天窗时，直射阳光很易进入车间，在车间内形成很不均匀的照度分布。图1-47为平天窗采光时的室内天然光分布，a 曲线为阴天时，它的最高点在窗下；b 曲线为晴天状况，这里有两个高值点，1点是直射阳光经井壁反射所致，2点是直射阳光直接照射区，2点处的照度很高，极易形成眩光，而且引起过热。故在晴天多的地区使用平天窗时，应考虑采取一定措施，将直射阳光挡去或使其扩散。

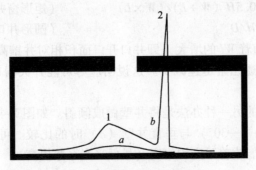

图 1-47 平天窗时室内天然光分布

此外，在北方寒冷地区的冬季，玻璃内表面温度较低，可能出现凝结水，特别是在室内湿度较大的房间里。有时凝结水可能相当严重，会在玻璃内表面形成大的水滴，累积到一定量时就会下滴，影响室内的使用。这就需要将平天窗的玻璃倾斜成一定角度，使凝结水沿着玻璃面流到窗下边沿特别设置的水槽中，使水滴不致直接滴落室内。也可采用双层玻璃中夹空气间层的做法，以提高玻璃内表面温度，这样既可避免冷凝水，又可减少热损耗。这种双层玻璃的结构应特别注意嵌缝严密，否则一旦灰尘进入空气间层，就很难清除，严重影响采光。图 1-48 列出几种常用天窗在平、剖面相同，且天然采光系数最低值均为 5% 时所需的窗地比和采光系数分布。从图中可以看出：分散布置的平天窗所需的窗面积最小。其次为梯形天窗和锯齿形天窗，最大为矩形天窗。但从照度分布的均匀度来看，集中在一处的平天窗最差；但如将平天窗分散布置（如图 1-48b），则均匀度可大大改善。

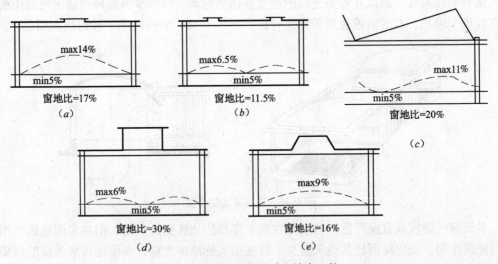

图 1-48 几种天窗的采光效率比较

(5) 井式天窗

井式天窗是利用屋架上、下弦之间的空间，将一些屋面板放在下弦杆件上形成井口。井式天窗主要用于热车间。为了通风顺畅，开口处常不装设玻璃窗扇。为了防止飘雨，除屋面作挑檐外，开口高度大时还在开口中间加几排挡雨板。这些挑檐和挡雨板挡光很厉害，光线很少能直接射入车间，都是经过井底板反射进入，因此井式天窗采光系数一般在

1%以下。如车间还有采光要求时，可将挡雨板作成垂直玻璃挡雨板，这样可使室内采光条件改善很多。但因这些井口处于烟尘出口处，容易积尘，如不经常清扫，就会变得不透光，影响室内采光效果。也可在屋面板上另设平天窗来解决采光需要。

在设计实践中，由于不同的建筑功能对采光口有各种特殊要求，所以并不都是直接采用以上介绍的某一种采光口形式就能满足的，而往往需要将一些窗口形式加以改造。这就要求我们根据实际情况利用各种采光口的采光特点，创造出新的采光口形式。

2.3 天然采光设计

2.3.1 采光设计步骤

（1）搜集资料

1）了解设计对象对采光的要求

A. 房间的工作特点及精密度　一个房间内的工作不一定完全相同，可能有粗有细。了解时应考虑最精细和最具有典型性（即代表大多数）的工作；了解视觉工作中需要识别部分的大小（如织布车间的纱线，而不是整幅布；机加工车间加工零件的加工尺寸，而不是整个零件等），根据这些尺寸大小来确定采光工作分级。

在《建筑采光设计标准》中，学校建筑车间的采光系数标准值是按空间的用途直接从表1-3查出它的视觉工作分级和相应的采光系数标准值。如教室、阶梯教室、实验室、报告厅，在表中列为Ⅲ级，要求侧面的采光系数为2%。

B. 工作面位置　工作面有垂直、水平或倾斜的，它与选择窗的形式和位置有关。例如侧窗在垂直工作面上形成的照度高，这时窗至工作面的距离对采光的影响较小。但正对光线的垂直面光线好，背面就差得多。对水平工作面而言，工作点与侧窗距离的远近对采光影响很大，不如平天窗效果好。另外，对于不同的工作面位置，采光系数的计算方法也不同。我国采光设计标准推荐的采光计算方法仅适用于水平工作面。

C. 工作对象的表面状况　工作表面是平面或是立体，是光滑的（镜面反射）或粗糙的，对于确定窗的位置有一定意义。例如对于平面对象（如看书），光的方向性无多大关系；但对于立体物件，一定角度的光线，能形成阴影，可加大亮度对比，提高视度。而光滑表面，由于镜面反射，若窗的位置安设不当，可能使明亮窗口的反射形象恰好反射到工作者的眼中，严重影响视度，需采取相应措施来防止。

D. 工作中是否容许直射阳光进入房间　直射阳光进入房间，可能会引起眩光和过热，应在窗口的选型、朝向、材料等方面加以考虑。

E. 工作区域　了解各工作区域对采光的要求。照度要求高的布置在窗口附近，要求不高的区域可远离窗口。

2）了解设计对象其他要求

A. 采暖　在北方采暖地区，窗的大小影响到冬季热量的损耗，因此在采光设计中应严格控制窗面积大小，特别是北窗影响很大，更应特别注意。

B. 通风　了解在生产中发出大量余热的地点和热量的多少，以便就近设置通风孔洞。若有大量灰尘伴随余热排出，则应将通风孔和采光天窗分开布置并留适当距离，以免排出的烟尘污染采光口。

C. 泄爆　某些工业车间有爆炸危险，如粉尘很多的铝、银粉加工车间，贮存易燃、易爆物品的仓库等。为了在万一发生爆炸时降低爆炸压力,保存承重结构,可设置大面积泄爆窗。从窗的面积和构造处理上解决减压问题。在面积上,泄爆要求往往超过采光要求,从而会引起眩光和过热,需要注意处理。还有一些其他要求,这里就不一一列出。在设计中,应首先考虑解决主要矛盾,然后按其他要求进行复核和修改,使之满足各种不同的要求。

3)房间及其周围环境概况

了解房间平、剖面尺寸和位置;影响开窗的构件,房间的朝向;周围建筑物、构筑物和影响采光的物体(如树木、山丘等)的高度,以及它们和房间的距离等。这些都与选择采光口形式、确定影响采光的一些系数值有关。

(2)选择采光口形式

根据房间的朝向、尺度、生产状况、周围环境,结合各种采光口的采光特性选择适合的采光口形式。在一幢建筑物内可能采用几种不同的采光口形式,以满足不同的要求。

(3)确定采光口位置及可能开设的窗口面积

1)侧窗 常设在朝向南北的侧墙上,由于它建造方便,造价低廉,维护使用方便,故应尽可能利用侧窗采光,不足之处再用天窗采光补充。

2)天窗 侧窗采光不足之处可设天窗。根据车间的剖面形式及其朝向确定天窗的位置及大致尺寸(天窗宽度、玻璃面积、天窗间距等)。

(4)估算采光口尺寸

根据教室采光要求和拟采用的采光口形式及位置,即可从表1-7查出所需的窗地比。值得注意的是由窗地比和室内地面面积相乘获得的开窗面积,仅是一种估算窗口面积的方法,它产生的采光效果,随具体情况不同会有很大差别。因此,不能把估算值作为最终确定的开窗面积。

窗地面积比 A_c/A_d 表1-7

采光等级	侧面采光				顶部采光			
	侧窗		矩形天窗		锯齿形天窗		平天窗	
	民用建筑	工业建筑	民用建筑	工业建筑	民用建筑	工业建筑	民用建筑	工业建筑
I	1/2.5	1/2.5	1/3	1/3	1/4	1/4	1/6	1/6
II	1/3.5	1/3	1/4	1/3.5	1/6	1/5	1/8.5	1/8
III	1/5	1/4	1/6	1/4.5	1/8	1/7	1/11	1/10
IV	1/7	1/6	1/20	1/8	1/12	1/10	1/18	1/13
V	1/12	1/10	1/14	1/11	1/19	1/15	1/27	1/23

计算条件:I级采光等级按清洁房间和浅色表面 $K_\rho = 0.5$ 计算;II~V级按一般污染房间和中等反射表面 $K_\rho = 0.3$ 计算。

当同一空间内既有天窗,又有侧窗时,可先按侧窗查出它的窗地比,再从地面面积求出所需的侧窗面积,然后根据墙面实际开窗的可能来布置侧窗,不足之数再用天窗来补充。

以上所说开口面积,是根据采光量的要求获得的。此外,由于侧窗还起到与外界视觉联系的作用,这时对侧窗的面积有如下要求:

1）侧窗玻璃面积宜占所处外墙面积的 20%～30%；

2）窗宽与窗间墙比宜在 1.2～3.0:1；

3）窗台高度不宜超过 0.9m。

（5）布置采光口

估算出需要的采光口面积，确定了窗的高、宽尺寸后，就可进一步确定窗的位置。这里不仅考虑采光需要，而且还应考虑通风、日照、美观等要求，拟出几个方案进行比较，选出最佳方案。

经过以上 5 个步骤，确定了采光口形式、面积和位置，基本上达到初步设计的要求。由于它的面积是估算的，位置也不一定合适，故在进行技术设计之后，还应进行采光验算，以便最后确定它是否满足采光标准的各项要求。

2.3.2 中、小学教室采光设计要求及注意的问题

（1）教室光环境要求

学生在学校的大部分时间都在教室里学习，因此要求教室里的光环境应保证学生们能看得清楚、快捷、舒适，而且能在较长时间阅读情况下，不易产生疲劳，这就需要满足以下条件：

1）在整个教室内应保持足够的照度，而且在照度分布上要求比较均匀，使坐在各个位置上的学生具有相近的光照条件。同时，由于学生随时需要集中注意力于黑板，因此要求在黑板上也有较高的照度。

2）合理地安排教室环境的亮度分布，消除眩光，以保证正常的视力工作环境，减少疲劳，提高学习效率。虽然过大的亮度差别在视觉上会形成眩光，影响视功能，但在教室内各处保持亮度完全一致，不仅在实践上很难办到，而且也无此必要。在某些情况下，适当的不均匀亮度分布还有助于集中注意力，如在教师讲课的讲台和黑板附近适当提高照度，可使学生注意力自然地集中在那里。

3）较少的投资和较低的经常维持费用，我们应本着节约的精神，使设计符合国民经济发展水平，做到少花钱，多办事。

（2）教室采光设计

1）设计条件

A. 满足采光标准要求，保证必要的采光系数　根据《建筑采光设计标准》规定：教室课桌面上的采光系数最低值不得低于 2.0%。从目前的教室建筑设计尺度来看，要达到这一要求，需要尽量采用断面小的窗框材料，使开口面积与地板面积比不小于 1:4；窗口上沿尽可能靠近顶棚等措施，使教室采光达到要求的 2.0% 的规定。学校建筑的采光系数标准值见表 1-3。

B. 均匀的照度分布　由于学生是分散在整个教室空间内学习，这就要求在整个教室内有均匀的照度分布；在工作区域内的照度差别希望限制在 1:3 之内；在整个房间内不超过 1:10。这样可避免眼睛移动时，因需适应不同亮度而引起视觉疲劳。由于目前学校建筑多采用单侧采光，很难把照度分布限制在上述范围之内。为此，可提高窗台高度到 1.2m，将窗上沿提到顶棚处。这样可稍降低近窗处照度，提高靠近内墙处照度，减少照度不均匀性。而且还使靠窗坐着的学生看不见室外（中学生坐着时，视线平均高度约为 113～116cm），以减少学生分散注意力的可能性。在条件允许时，可采用双侧采光来控制

照度分布。

C. 对光线方向和阴影的要求 光线最好从左侧上方射来。这在单侧采光时，只要黑板位置正确，是不会有问题的。如是双侧采光，则应分主次，将主要采光窗放在左边，以免在书写时，手遮挡光线，产生阴影，影响书写作业。开窗分清主次，还可避免在立体物件两侧上产生两个浓度相近的阴影，歪曲立体形象，导致视觉误差。

D. 避免眩光 教室内最易产生的眩光源是窗口。当窗口处于视野范围之内时，较暗的窗间墙衬上明亮的天空，就会感到很刺眼，视力迅速下降。特别当看到的天空是靠近天顶或太阳附近区域，由于这里亮度大，更刺眼。故在有条件时应加以遮挡，使不能直视天空。以上是指天空亮度而言，如在晴天，明亮的太阳光直接射入室内，在照射处产生极高的亮度。当这高亮度区域处于视野内时，就形成眩光。如果阳光直接射在黑板和课桌上，则情况更严重，应尽量设法避免。"标准"规定学校教室应设窗帘以防止直射阳光射入教室内。还可从建筑朝向的选择和设置遮阳等来解决。后者花钱较多，在阴天遮挡光线严重，故只能作为补救措施和结合隔热降温来考虑。

从采光稳定和避免直射阳光的角度来看，窗口最好朝北，这样在上课时间内可保证无直射阳光进入教室，光线稳定。但在寒冷地区，却与采暖要求有矛盾。为了与采暖协调，在北方可将窗口向南。朝南窗口射入室内的太阳高度角大，因而射入进深较小，日照面积局限在较小范围内，如果要做遮阳亦较易实现。其他朝向，如东、西向，太阳高度角低，阳光能照射全室，对采光影响大，应尽可能不采用。

2) 教室采光设计中的几个重要问题

A. 室内装修 室内装修对采光有很大影响，特别是侧窗采光。这时室内深处的光主要是来自顶棚和内墙的反射光。因而它们的光反射比对室内采光影响很大，应选择最高值。此外，从创造一个舒适的光环境来看，室内各表面亮度应尽可能接近，特别是相邻表面亮度相差不能太悬殊。这可从照度均匀分布和各表面的光反射比来考虑。

B. 黑板 它是教室内眼睛经常注视的地方。上课时，学生的眼睛经常在黑板与笔记本之间交替移动，所以这二者之间不应有过大的亮度差别。

C. 梁和柱的影响 在侧窗采光时，梁的布置方向对采光有相当影响。当梁的方向与外墙垂直，问题不大。如梁的方向与外墙平行，则在梁的背窗侧形成很黑的阴影，在顶棚上产生明显的亮度对比，而且减弱了整个房间的反射光，对靠近内墙的光线微弱处影响很大，故不宜采用。如因结构关系，必须这样布置，最好做吊顶，使顶棚平整。

D. 窗间墙 窗间墙和窗之间存在着较大的亮度对比，在靠外墙的窗间墙附近形成暗区，特别是窗间墙很宽时影响很大。在学校教室中，窗间墙的宽度宜尽量缩小。

3) 教室剖面形式

A. 侧窗采光及其改善措施 从前面介绍的侧窗采光来看，它具有造价低、建造、使用及维护方便等优点，但采光不均匀是其严重缺点。为了弥补这一缺点，除前面提到的措施外，还可采取下列办法：

(A) 将窗的横档加宽，将它放在窗的中间偏低处。这样的措施可将靠窗处照度高的区域加以适当遮挡，使照度下降，有利于增加整个房间的照度均匀性（图1-49a）。

(B) 在横档以上使用扩散光玻璃，如压花玻璃、磨砂玻璃等，这样使射向顶棚的光线增加，可提高房间深处的照度（图1-49b）。

（C）在横档以上安设指向性玻璃（如折光玻璃、玻璃砖），使光线折向顶棚，对提高房间深处的照度效果更好（见图1-49c）。

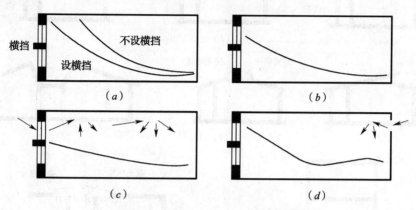

图1-49 改善侧窗采光效果的措施

（D）在另一侧开窗，左边为主要采光窗，右边增设一排高窗，最好选用指向性玻璃或扩散光玻璃，以求最大限度地提高窗下的照度（图1-49d）。

B. 天窗采光 单独使用侧窗，虽然可采取一些措施改善其采光效果，但仍受其采光特性的限制，不能作到分布很均匀，采光系数不易达到2%，故有的地方采用天窗采光。最简单的天窗是将部分屋面做成透光的，它的效率最高，但有强烈眩光。在夏季，还由于太阳光直接射入室内，室内热环境恶化，影响学习。故应在透光屋面下作扩散光顶棚（图1-50a），以防止阳光直接射入，并使室内光线均匀，采光系数可以达到很高。为了彻底解决直射阳光问题，可做成北向的单侧天窗（图1-50b）。

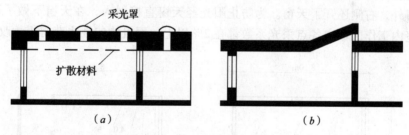

图1-50 教室中利用天窗采光

国际照明委员会（CIE）提出了适合中小学教室的建筑剖面及其适用的采光方案（图1-51）。它们的特点如下：

图1-51（a）是将开窗一侧的净空加高，使侧窗的窗高增大，保证室内深处有充足的采光，但应注意朝向，一般以北向为宜，以免阳光直射入室深处。

图1-51（b）是将主要采光窗（左侧）直接对外，走廊一侧增开补充窗，以弥补这一侧采光不足。但应注意此处窗的隔声性能，以防过道嘈杂的噪声影响教学秩序。此外，这里宜采用压花玻璃或乳白玻璃，使过道活动不致分散学生的注意力。

图1-51（c）、（e）、（h）为天窗采光，这里都使用遮光格片来防止阳光直接射入教室。（h）方案是用一个采光天窗同时解决两个教室和过道的补充采光。这时应注意遮光格片与采光天窗之间空间的处理，注意避免它成为传播噪声的通道。

35

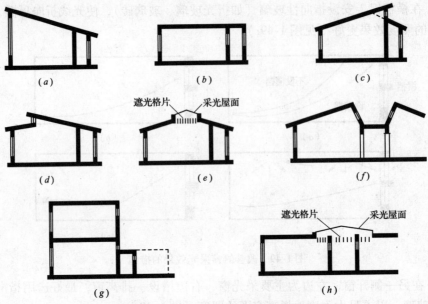

图 1-51 CIE 推荐的学校教室采光方案

图 1-51 (f) 具有两个不同朝向的天窗，窗口一般朝向南、北，南向天窗应注意采取防止直射阳光的措施。

C. 不同剖面形式的采光效果比较，图 1-52 给出了两个教室的不同采光设计方案。(a) 为旧教室，它的左侧为连续玻璃窗，右侧有一补充采光的高侧窗，由于两侧窗口上有挑檐，这就影响到高侧窗的采光效率，减弱了近墙处的照度。实测结果表明，室内采光不足，房间右侧的采光系数最低值仅 0.4~0.6；(b) 为新教室，它除了在左侧保持连续带状玻璃窗外，右侧还开了天窗。为防止阳光经天窗直接射入，在天窗下做了遮阳处理。这样，使室内工作区域内各点采光系数都在 2% 以上，而且均匀性也获得很大改善。

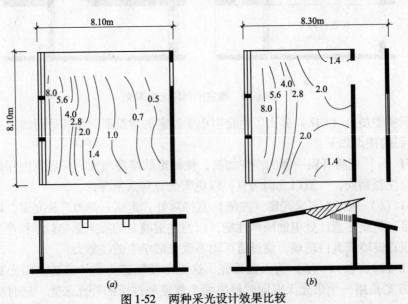

图 1-52 两种采光设计效果比较

2.4 室内建筑装饰材料与光特性处理

2.4.1 教室各表面装饰材料与光特性处理

从创造一个舒适的光环境来看，室内各表面亮度应尽可能接近，特别是相邻表面亮度相差不能太悬殊。这可从照度均匀分布和各表面的光反射比来考虑。外墙上的窗，亮度较大，为了使窗间墙的亮度与之较为接近，其表面装修应采用光反射比高的材料。由于黑板的光反射比低，装有黑板的端墙的光反射比亦应稍低。现在的课桌常采用暗色油漆，这与白纸和书形成强烈的亮度对比，不利于视觉工作，应尽可能选用浅色的表面处理。此外，表面装修宜采用扩散性无光泽材料，它在室内反射出没有眩光的柔和光线。教室各表面光反射比应尽可能与表 1-8 中规定的一致。

室内饰面材料的光反射比（ρ） 表 1-8

材料	ρ值	材料	ρ值	材料	ρ值
石　　膏	0.91	混凝土地面	0.20	深咖啡色	0.20
大白粉刷	0.75	沥青地面	0.10	普通玻璃	0.08
水泥砂浆抹面	0.32	铸铁，钢板地面	0.15	大 理 石	
白水泥	0.75	瓷釉面砖		白　　色	0.60
白色乳胶漆	0.84	白　　色	0.80	乳色间绿色	0.39
调 合 漆		黄 绿 色	0.62	红　　色	0.32
白色和米黄色	0.70	粉　　色	0.65	黑　　色	0.08
中 黄 色	0.57	天 蓝 色	0.55	水 磨 石	
红　砖	0.33	黑　　色	0.08	白　　色	0.70
灰　砖	0.23	无釉陶土地砖		白色间灰黑色	0.52
塑料墙纸		土 黄 色	0.53	白色间绿色	0.66
黄 白 色	0.72	朱　　砂	0.19	黑 灰 色	0.10
蓝 白 色	0.61	马赛克地砖		塑料贴面板	
浅粉白色	0.65	白　　色	0.59	浅黄色木纹	0.36
胶合板	0.58	浅 蓝 色	0.42	中黄色木纹	0.30
广漆地板	0.10	浅咖啡色	0.31	深棕色木纹	0.12
菱苦土地面	0.15	绿　　色	0.25		

2.4.2 黑板装饰材料与光特性处理

目前，教室中广泛采用的黑色油漆黑板的光反射比很低，虽与白色粉笔形成明显的黑白对比，有利于提高视度，但它的亮度太低，不利于整个环境亮度均匀的分布。同时，黑色油漆形成的光滑表面，极易产生镜面反射，容易在视野内出现窗口的明亮反射形象，降低了视度。若采用毛玻璃背面涂刷黑色或暗绿色油漆的做法，既提高了光反射比，同时可避免或减弱反射眩光，是一种较好的解决办法。但各种无光泽表面在光线入射角大于 70°时，仍可能产生定向扩散反射，在入射角对称方向上也会出现明显的定向反射，故应注意避免光线以大角度入射。在采用侧窗时，最易产生反射眩光的地方是离黑板端墙 $d=1.0 \sim$

1.5m 范围内的一段窗（见图 1-53a）。在这范围内最好不开窗，或采取措施（如用窗帘、百叶等）降低窗的亮度，使之不出现或只出现轻微的反射。也可将黑板做成微曲面或折面（如图 1-53b、c），使入射角改变，因而反射光不致射入学生眼中，但这些办法使黑板制作困难。据有关单位经验，如将黑板顶部向前倾斜放置，与墙面成 10°～20°夹角，不仅可将反射眩光减少到最小程度，而且使书写黑板方便，制作上也比曲、折面黑板方便，不失为一种较为可行的办法。也可用增加黑板照度的方法（利用天窗或人工照明），以减轻明亮窗口在黑板上的反射影像的明显程度。

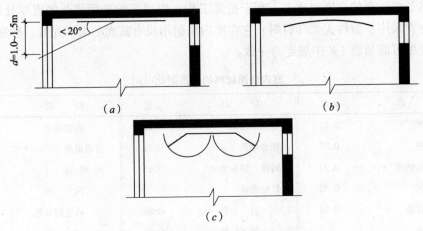

图 1-53 可能出现镜面反射的区域及防范措施

2.5 采光计算

采光计算的目的在于验证所作的采光设计是否符合采光标准中规定的各项指标。采光计算方法很多，可以利用公式或特别制定的图表计算，也可以利用专门的软件，在计算机上进行计算。下面介绍我国《建筑采光设计标准》推荐的方法，它是在模型实验的基础上，提出的一种利用图表的简易计算方法。这个方法可根据房间的有关数据直接查出采光系数值。它既有一定的精度，又计算简便，能满足采光设计的需要，下面具体介绍它的使用方法。

2.5.1 确定采光计算中所需数据

(1) 房间尺寸 主要是指与采光有关的一些数据，如车间的平、剖面尺寸，周围环境对它的遮挡等；

(2) 采光口材料及厚度；

(3) 承重结构形式及材料；

(4) 表面污染程度；

(5) 室内表面反光程度。

2.5.2 计算步骤及方法

这种计算方法是将侧窗和天窗，分别利用两个不同的图表，根据有关数据查出相应的采光系数值。这里的窗，是指未装上窗扇的无限长带形空洞。然后按实际情况考虑各种影响因素，加以修正而得到采光系数最低值（侧面采光）或平均值（顶部采光）。下面介绍具体的计算方法。

(1) 侧面采光计算

按采光标准规定,侧面采光房间是以计算点的采光系数最低值 C_{min} 来衡量。采光系数最低值可按下列公式计算:

$$C_{min} = C'_d \times K'_\tau \times K'_\rho \times K_w \times K_c \quad (1-22)$$

式中　C_{min}——采光系数最低值(计算值);

　　　C'_d——侧窗窗洞口的采光系数;

　　　K'_τ——侧面采光的总透光系数;

　　　K'_ρ——侧面采光的室内反射光增量系数;

　　　K_w——侧面采光的室外建筑物挡光折减系数;

　　　K_c——侧面采光的窗宽修正系数。

下面分别介绍各系数的求法:

1) C'_d (侧窗窗洞口的采光系数)

根据室内条件,可从图1-54侧面采光计算图表中查出 C'_d 值。它表示在全云天时,无限长带形侧窗窗洞条件下的采光系数。图中:l 是房间长度;b 是建筑宽度(跨度或进深);B 是计算点至窗的距离;h_c 是窗高。这里考虑的 B/h_c 值,是一般常见的比值。当 $B/h_c > 5$ 时,侧窗对它的采光效果已很微小,可忽略不计。图中四条曲线分别代表不同的 l 和 b 的比值。单侧采光计算点应选在离内墙1.0m处。图1-55为侧面采光计算图例,图中 P 点为采光系数 C'_d 的计算点,它是由不同的剖面形式所决定。图中给出常见的几种情况时的计算点位置。

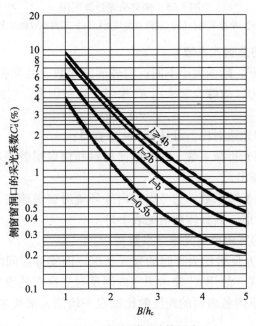

图 1-54　侧窗采光计算图表

由于图1-54所给的 C'_d 值是按窗下沿和工作面处于同一水平面时的情况作出的,如窗下沿高于工作面时(如图1-55(c)中的高侧窗),则应按 B/h_s 查出 C'_{d1} 值,然后按 B/h_x

查出 C'_{d2}，由于反光增量系数不同，故 C'_{d1}、C'_{d2} 各有自己相应的反光增量系数，为此，高侧窗产生的 C'_d 值是 $C'_{d1} \times K_{\rho 1} - C'_{d2} \times K_{\rho 2}$。如窗外有较大的水平挑檐或遮阳板，如图1-55（a）左侧所示，这时的实际 h_c 应按挑檐外沿至计算点 P 连线与窗口交点以下的高度计算。

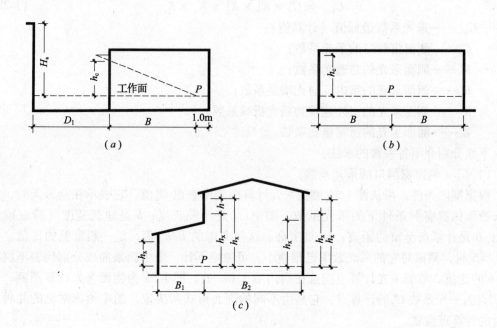

图1-55 侧窗采光计算图例
（a）单侧采光；（b）对称双侧采光；（c）不对称双侧采光

2) K'_τ（侧面采光的总透光系数）

不同材料做成的窗框，断面大小不同；窗玻璃的层数、品种和环境的污染也不一样，这些都影响窗的透光能力，故综合起来用 K'_τ 来考虑这些因素，它的值为

$$K'_\tau = \tau \times \tau_c \times \tau_w \tag{1-23}$$

式中 τ——采光材料的光透射比，可从表1-9中查得；

τ_c——窗结构的挡光折减系数，它考虑窗材料和窗扇层数等对采光的影响，其值可由表1-10查出；

τ_w——窗玻璃污染折减系数，它考虑室内外环境对窗玻璃的污染影响，现按每年打扫2次来考虑，其具体数值见表1-11。

3) K'_ρ（侧面采光的室内反射光增量系数）

C'_d 值是指室内表面光反射比为零时的采光状况，而实际房间内表面的光反射比都大于零，室内有反射光存在，故用 K'_ρ 来考虑室内因反射光存在的增量。由于室内各表面的光反射比不同，一般用室内各表面的光反射比加权平均值 $\bar{\rho}$ 来代表整个房间的反光程度。$\bar{\rho}$ 值求法如下：

$$\bar{\rho} = \frac{\rho_p A_p + \rho_q A_q + \rho_d A_d + \rho_c A_c}{A_p + A_q + A_d + A_c} \tag{1-24}$$

采光材料的光透射比（τ） 表1-9

材 料 名 称	颜 色	厚度（mm）	τ值
普通玻璃	无	3～6	0.78～0.82
钢化玻璃	无	5～6	0.78
磨砂玻璃（花纹深密）	无	3～6	0.55～0.60
压花玻璃（花纹深密）	无	3	0.57
（花纹稀浅）	无	3	0.71
夹丝玻璃	无	6	0.76
压花夹丝玻璃（花纹稀浅）	无	6	0.66
夹层安全玻璃	无	3+3	0.78
双层隔热玻璃（空气层5mm）	无	3+5+3	0.64
吸热玻璃	蓝	3～5	0.52～0.64
乳白玻璃	乳白	3	0.60
有机玻璃	无	2～6	0.85
乳白有机玻璃	乳白	3	0.20
聚苯乙烯板	无	3	0.78
聚氯乙烯板	本色	2	0.60
聚碳酸酯板	无	3	0.74
聚酯玻璃钢板	本色	3～4层布	0.73～0.77
	绿	3～4层布	0.62～0.67
小波玻璃钢瓦	绿	—	0.38
大波玻璃钢瓦	绿	—	0.48
玻璃钢罩	本色	3～4层布	0.72～0.74
钢窗纱	绿	—	0.70
镀锌铁丝网（孔20mm×20mm）	—	—	0.89
茶色玻璃	茶色	3～6	0.08～0.50
中空玻璃	无	3+3	0.81
安全玻璃	无	3+3	0.84
镀膜玻璃	金色	5	0.10
	银色	5	0.14
	宝石蓝	5	0.20
	宝石绿	5	0.08
	茶色	5	0.14

资料来源：《建筑采光设计标准》，τ值应为漫射光条件下测定值。

窗结构的挡光折减系数 τ_c 值　　　　　　　　　　　　　　　　　　　　表 1-10

窗种类		τ 值	窗种类		τ 值
单层窗	木窗	0.70	双层窗	木窗	0.55
	钢窗	0.80		钢窗	0.65
	铝窗	0.75		铝窗	0.60
	塑料窗	0.70		塑料窗	0.55

窗玻璃污染折减系数 τ_w 值　　　　　　　　　　　　　　　　　　　　表 1-11

房间污染程度	玻璃安装角度		
	垂直	倾斜	水平
清 洁	0.90	0.75	0.6
一 般	0.75	0.60	0.45
污染严重	0.60	0.45	0.30

注：1. τ_w 值是按每 6 个月擦洗一次确定的；
　　2. 南方多雨地区，水平天窗的污染折减系数可按倾斜窗的 τ_w 值选取。

式（1-24）中，ρ_p、ρ_q、ρ_d、ρ_c 分别为顶棚、墙面、地面及窗口的光反射比，其中普通玻璃窗的 ρ_c 可取 0.08 计算。A_p、A_q、A_d、A_c 分别为顶棚、墙面、地面、窗口的表面积。

实验表明，K'_ρ 值与 $\bar{\rho}$、房间尺度（即计算点到窗口的距离 B 和窗高 h_c 之比）、是单侧或双侧窗等因素有关，具体数值见表 1-12。

侧窗采光的室内反射光增量系数 K'_ρ 值　　　　　　　　　　　　　　　表 1-12

B/h_c ＼ K'_ρ ＼ $\bar{\rho}$	采 光 形 式							
	单侧采光				双侧采光			
	0.2	0.3	0.4	0.5	0.2	0.3	0.4	0.5
1	1.10	1.25	1.45	1.70	1.00	1.00	1.00	1.00
2	1.30	1.65	2.05	2.65	1.10	1.20	1.40	1.65
3	1.40	1.90	2.45	3.40	1.15	1.40	1.70	2.10
4	1.45	2.00	2.75	3.80	1.20	1.45	1.90	2.40
5	1.45	2.00	2.80	3.90	1.20	1.45	1.95	2.45

在侧面采光时，室内反光对计算点 P 的照度影响很大，故 K'_ρ 值较大。在工业建筑中，从整体来看，一般都可能是双侧窗，应按双侧窗选取 K'_ρ 值。但如在局部有内隔墙存在，则这部分应视为单侧窗，按单侧窗选取 K'_ρ 值。

4）K_w（侧面采光的室外建筑物挡光折减系数）

侧窗由于所处位置较低，易受房屋、树木等遮挡物的遮挡，影响室内采光，故用 K_w

来考虑这个因素。根据试验，遮挡程度与对面遮挡物的平均高度 H_d（从计算工作面算起）；遮挡物至窗口的距离 D_d；窗高 h_c 以及计算点至窗口的距离 B 等尺寸有关。具体数值见表 1-13。

侧面采光的室外建筑物挡光折减系数 K_w 值 表 1-13

B/h_c \ D_d/H_d K_w	1	1.5	2	3	5
2	0.45	0.50	0.61	0.85	0.97
3	0.44	0.49	0.58	0.80	0.95
4	0.42	0.47	0.54	0.70	0.93
5	0.40	0.45	0.51	0.65	0.90

5）K_c（侧面采光窗宽修正系数）

由于 C'_d 为带形窗洞的采光系数，由于在实际工程中常有窗间墙存在，应考虑它的挡光影响，应用窗宽修正系数来考虑这一因素。实验得知它是该墙面上的总窗宽 $\sum b_c$ 和建筑长度 l 的比值，即

$$K_c = \sum b_c / l \tag{1-25}$$

6）K_f（晴天方向系数）

我国西北、华北地区多晴天，日照率年平均在 60% 以上，有丰富的直射阳光，而 C'_d 仅考虑天空扩散光，这种考虑必然与当地光气候特征不相适应。故"标准"规定在 Ⅰ、Ⅱ、Ⅲ 类光气候区（不包含北回归线以南的地区）用 K_f 来考虑晴天太阳直射光对室内采光的影响，具体值见表 1-14。

晴天方向系数 K_f 表 1-14

窗类型及朝向		纬度（N）		
		30°	40°	50°
垂直窗朝向	东（西）	1.25	1.20	1.15
	南	1.45	1.55	1.65
	北	1.00	1.00	1.00
水平窗		1.65	1.35	1.25

（2）顶部采光计算

按采光标准规定，顶部采光是以采光系数平均值来衡量，其计算式如下：

$$C_{av} = C_d \times K_\tau \times K_\rho \times K_g \times K_d \tag{1-26}$$

式中有些符号的意义和式（1-22）相同，只是数值的求法不完全一样，故这里只介绍不同之处。

1）C_d（天窗窗洞口的采光系数）

具体数值可从图 1-55 查得。它是在实验基础上得出的结果，表明带形天窗窗洞时，窗地比、天窗形式和窗洞采光系数平均值 C_{av} 间的关系。

图 1-56 为顶部采光计算图例。它表明，当天窗下沿至工作面的高度（h_x）与建筑宽度（b）之比为 $h_x/b=2/3$ 时，矩形天窗采光的分区计算点可定在距跨端 1m 处（图 1-57 (a)）。当多跨连续时，锯齿形天窗采光的分区计算点可定在天窗所处的建筑宽度的两端点上（图 1-57 (c)）。平天窗采光的分区计算点，可按具体设计要求确定。

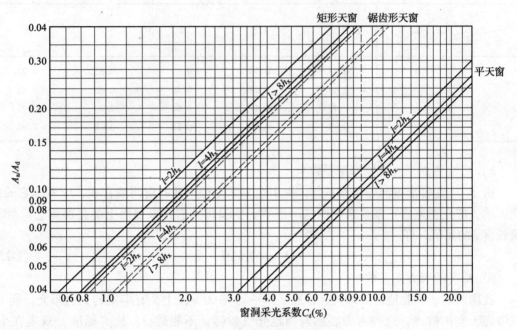

图 1-56 顶部采光计算图表

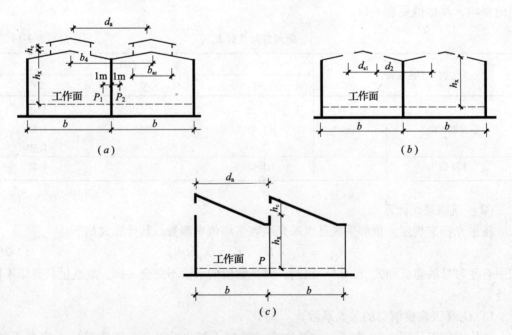

图 1-57 顶部采光计算图例
(a) 矩形天窗；(b) 平天窗；(c) 锯齿形天窗

2) K_g（高跨比修正系数）

引入这一系数的原因是由于图1-56所列数值系按在 $h_x/b = 0.5$ 的三跨车间模型中得出。由实验得知，在窗地比相同时，不同的高跨比会得出不同的采光系数值。为此，当高跨比不是0.5时，就应引入高跨比修正系数 K_g，其值列于表1-15。

高跨比修正系数 K_g 值　　　　　　　　　　表1-15

天窗类型	跨数	h_x/b									
		0.3	0.4	0.5	0.6	0.7	0.8	0.9	1.0	1.2	1.4
矩形天窗	1	1.04	0.88	0.77	0.69	0.61	0.53	0.48	0.44		
	2	1.07	0.95	0.87	0.80	0.74	0.67	0.63	0.57		
	3及3以上	1.14	1.06	1.00	0.95	0.90	0.85	0.81	0.78		
平天窗	1	1.24	0.94	0.84	0.75	0.70	0.65	0.61	0.57		
	2	1.26	1.02	0.93	0.83	0.80	0.77	0.74	0.71		
	3及3以上	1.27	1.08	1.00	0.93	0.89	0.86	0.85	0.84		
锯齿形天窗	3及3以上		1.04	1.00	0.98	0.95	0.92	0.89	0.86	0.82	0.78

3) K_ρ（顶部采光的室内反射光增量系数）

根据室内表面平均光反射比 $\bar{\rho}$ 和不同天窗形式，从表1-16中查出。

顶部采光的室内反射光增量系数 K_ρ 值　　　　　　　　表1-16

$\bar{\rho}$	天窗形式		
	平天窗	矩形天窗	锯齿形天窗
0.50	1.30	1.70	1.90
0.40	1.25	1.55	1.65
0.30	1.15	1.40	1.40
0.20	1.10	1.30	1.30

4) K_τ（顶部采光的总透光系数）

与侧窗相比，天窗的总透光比中多一种屋架承重结构的挡光影响，故在天窗总透光比中需要增加屋架承重结构的挡光折减系数 τ_j，其数值见表1-17。这样，顶部采光的总透光系数 K_τ 为

$$K_\tau = \tau \times \tau_c \times \tau_w \times \tau_j \tag{1-27}$$

式中 τ、τ_c、τ_w 和侧窗一样，由表1-9、表1-10、表1-11查出；屋架承重结构的挡光折减系数 τ_j 可由表1-17查出。

室内构件的挡光折减系数 τ_j 值　　　　表 1-17

构件名称	结构材料		构件名称	结构材料	
	钢筋混凝土	钢		钢筋混凝土	钢
实体梁	0.75	0.75	吊车梁	0.85	0.85
屋架	0.80	0.90	网架		0.65

5) K_d（矩形天窗的挡风板挡光折减系数）

如天窗外设置了挡风板，宜取 $K_d = 0.60$；否则，K_d 为 1。

在Ⅰ、Ⅱ、Ⅲ光气候区（不包含北回归线以南的地区），也需要考虑晴天方向系数，具体值见表 1-14。

课题 3　采光工程施工

3.1　采光口施工图（见窗框安装参考图，图 1-58，图 1-59）

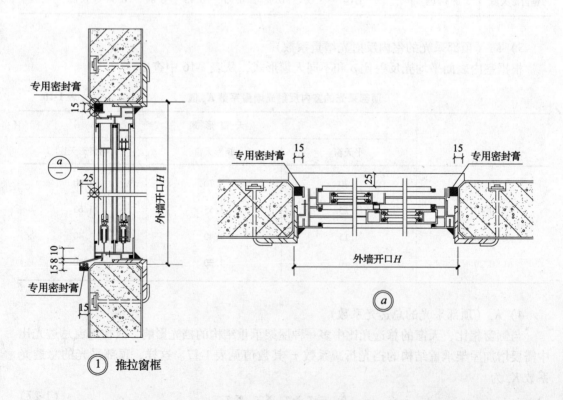

图 1-58　窗框安装参考图

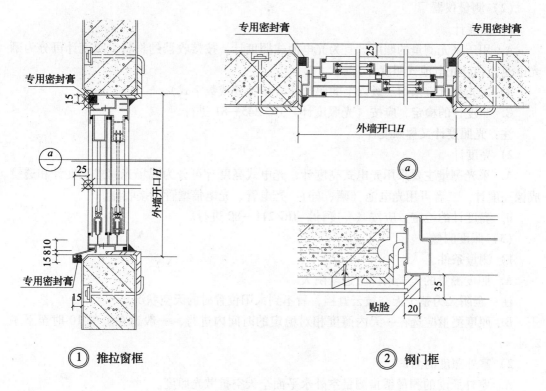

图 1-59 窗框、门框安装参考图

3.2 采光工程质量标准及验收

采光测量方法如下：

（1）总则

1）为统一采光的测量方法，确保测量的准确性，特制订本方法。

2）测量目的

A. 检验采光设施与所规定标准的符合情况。

B. 调查采光设施与设计条件的符合情况。

C. 进行采光设施的采光比较的调查。

D. 测定采光设施随时间变化的情况，确定维护和改善采光的措施，以保障视觉工作要求和节省能源。

3）测量内容

A. 室内典型剖面（工作面）上各点的照度、室外无遮挡水平面上的扩散光照度。

B. 室内墙面、顶棚、地面等饰面材料和主要设备的反射比。

C. 采光材料透射比。

D. 室内各表面的亮度。

4）适用范围

A. 本标准适用于各种建筑的采光测量。

B. 采用本标准时，尚应符合有关规范和标准等条文的规定。

(2) 测量仪器

1) 照度计

A. 用于采光测量的照度计宜为光电池式照度计，按接收器的材料，照度计可分为硒光电池式和硅光电池式照度计。

B. 采光测量宜采用二级以上的照度计（指针式或数字式）。

C. 照度计的检定，应按《光照度计》JJG 245—81 进行。

注：光照度计又称照度计。

2) 亮度计

A. 采光测量主要采用光电式亮度计，光电式亮度计可分为视场光筒式亮度计和透镜成像亮度计，二者可用光电池（硒、硅）、光电管、光电倍增管作接收器。

B. 亮度计的检定，应按《亮度计》JJG 211—80 进行。

(3) 照度测量

1) 测量条件

A. 照度测量的天气条件应选全阴天。

注：全阴天为整个天空被云遮挡，看不到太阳位置时的天空状况。

B. 照度测量应选在一天内照度相对稳定的时间内进行，一般选在上午 10 时至下午 2 时。

2) 室外照度的测量

A. 室外照度的测量系指测量室外水平面全天空扩散光照度。

B. 测量室外照度应选择周围无遮挡的空地或建筑物的顶上。接收器应置于与周围建筑物或其他遮挡物的距离大于遮挡物高度的六倍处，即 l 与 h 之比大于 6，如图 1-60 所示。

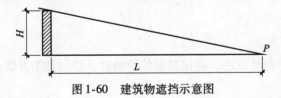

图 1-60　建筑物遮挡示意图

C. 测量室外照度时，操作人员应离开接收器，以防止测量人员的遮挡。

3) 室内照度的测量

A. 工作面高度一般取距地面 0.8m 高的水平面，通道可取地面或距地 15cm 的水平面，其他测量平面可按实际情况测定。

B. 测点位于建筑物典型剖面和假定工作面相交的位置。采光测量一般应选两个以上的典型横剖面（Ⅰ、Ⅱ）。顶部采光时，可增测两个以上典型纵剖面（Ⅲ、Ⅳ），如图 1-61 所示。

C. 根据需要也可选室内代表区域或整个室内等间距布点进行测量，如图 1-62 所示。

D. 测点间距一般取 2~4m，对于小面积的房间可取 0.5~1m 间距。测点位置还可按采光口的布置选取。

E. 测点离墙或柱的距离为 0.5~1m。单侧采光时应在距内墙 1/4 进深处设一测点，双侧采光时应在横剖面中间设一测点。走廊、通道、楼梯处的测点，为在长度方向的中心线上按 1~2m 的间隔布点。

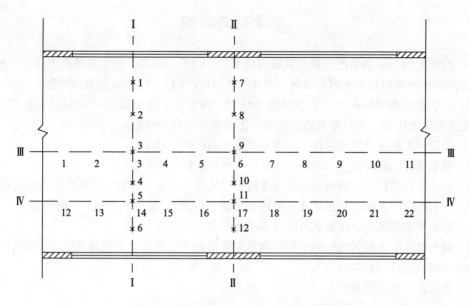

图1-61 典型剖面布点图（1~Ⅳ剖面）

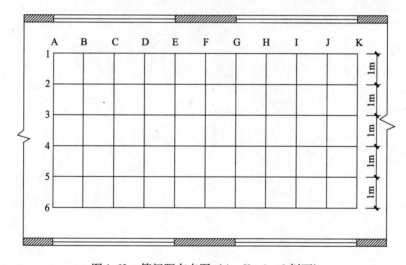

图1-62 等间距布点图（A~K，1~6剖面）

F. 按实际情况确定的工作面。

G. 测量时应熄灭人工照明。

H. 测量室内照度时，测试人员应尽量避开光的入射方向，以防止对接收器产生遮挡。

4）测量方法

A. 测量时接收器应水平放置或平放在实际工作面上。

B. 使用光电池式照度计时，测量前，使接收器曝光2min后，方可开始测量。

C. 要防止测试者人影和其他各种因素对接收器的影响。

思考题与习题

1. 波长为589nm的单色光源，其辐射功率为10.3W，试求：（1）这单色光源发出的光通量；（2）如它向四周均匀发射光通量，求其发光强度；（3）离它2m远处的照度。

2. 一个直径为250mm的乳白玻璃球形灯罩，内装一个光通量为1260lm的白炽灯，设灯罩的光透射比为0.60，求灯罩外表面亮度（不考虑灯罩的内反射）。

3. 试说明光通量与发光强度，照度与亮度间的区别和联系？

4. 看电视时，房间完全黑暗好，还是有一定亮度好？为什么？

5. 为什么有的商店大玻璃橱窗能够像镜子似地照出人像，却看不清里面陈列的展品？

6. 你们教室的黑板上是否存在反射眩光（窗、灯具），怎么形成的？如何消除它？

7. 中小学教室采光设计要求及注意事项有哪些？

8. 晴天时在尺度相同而朝向不同的侧窗采光房间中，为什么采光效果完全不同？而在平天窗时，就没有这样的影响？

9. 采光设计的步骤如何？

10. 采光计算的步骤和方法如何？

11. 你们的教室是否存在窗口眩光或直射阳光？如有，可采取什么改善措施？

单元2 人工照明

课题1 概 述

1.1 人工照明基本知识

1.1.1 交流电的基本概念

日常生产和生活中广泛使用交流电。交流电与直流电相比有很多优点,例如,可以用变压器方便地改变电压,从而在传输电能时用高电压以减小线路损耗,在使用电能时用低电压以利于方便和安全。从单相交流电源引出火线与零线,通过开关等控制电器接到用电器上去,就构成了单相交流电路。三相交流电通常有三根火线,一根零线,三相电动机是常见的三相用电设备。

(1) 单相交流电路

通常交流发电机产生的是正弦交流电,其电源的电动势、负载的端电压、流过负载的电流等物理量都是随时间按正弦规律变化的。

下面以电流为例介绍正弦量的基本特征。

图2-1中,交流电流 i 流过负载,其瞬时值表达式为

$$i = I_m \sin(\omega t + \phi_i) \tag{2-1}$$

电流波形如图2-2所示。

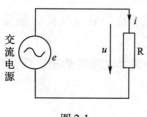 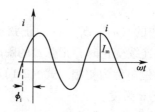

图2-1　　　　　图2-2　正弦电流的波形图

对于电压,类似地也有表达式:$u = U_m \sin(\omega t + \phi_u)$ (2-2)

1) 瞬时值和最大值

正弦交流电随时间按正弦规律变化,我们把某一时该正弦交流电的数值称为瞬时值,用小写字母表示。如用 i、u 及 e 分别表示电流、电压及电动势的瞬时值。瞬时值有时正、有时负,也可能为零。

交流电最大的瞬时值称为幅值,(也叫最大值、峰值)单位是伏特(V),用大写字母带下标 m 来表示。如 I_m、U_m 及 E_m 分别表示电流、电压及电动势的幅值,幅值以绝对值表示。

2) 频率和角频率

交流电每一秒钟完全变化的次数,叫做交流电的频率(常记为 f),单位是赫兹(Hz),简称赫。我国电力工业采用频率为 50Hz 的交流电,称为工频交流电。也有些国家(如美国、日本等)采用 60Hz。

交流电完成一次完全变化的时间叫做周期(常记为 T),单位是秒(s)。周期与频率互为倒数关系。

即
$$f = \frac{1}{T} \tag{2-3}$$

或者:
$$T = \frac{1}{f}$$

例如:频率为 50 赫的交流电每秒钟有 50 次完全变化,因而,它的周期就等于 1/50 = 0.02(秒)。

正弦量变化的快慢除用周期和频率表示外,还可用角频率来表示(常记为 ω),单位是弧度/秒(rad/s)。角频率是指交流电在 1 秒内变化的电角度。假设交流电在 1 秒内变化 1 次,由于电角度正好变化了 2π 弧度,就说该交流电的角频率 $\omega = 2\pi$ 弧度/秒。

若交流电 1 秒钟内变化了 f 次,则可得角频率与频率的关系式为

$$\omega = 2\pi f \tag{2-4}$$

根据 $f = \frac{1}{T}$ 可得: $\omega = \frac{2\pi}{T}$

两个同频率的交流电流(或电压),可以不在同一时刻达到正的最大值,而有一段时间差,这段时间差称为两个交流电流(或电压)的相位差。同频率交流电的相位差不随时间变化,是由初相差决定的,相位差通常用角度差来表示。例如:对 50 赫的交流电来说,若两个交流电压达到正最大值时的时间差为 0.005 秒(1/4 个周期),相应的角度差是 90°或 $\pi/2$。

3)初相

式(2-1)中的 $(\omega t + \phi_i)$ 称为正弦量的相位角或相位,它反映正弦量变化的进程。当相位角随时间连续变化时,正弦量的瞬时值随之变化。

$t = 0$ 时的相位角称为初相。式(2-1)中的 ϕ_i 就是这个电流的初相。规定初相的绝对值不超过 180°或 π 弧度。

4)正弦交流电的三要素

由式(2-1)及波形图可以看出,正弦量的最大值反映正弦量的大小,角频率(或频率、周期)反映正弦量变化的快慢,初相角反映正弦量的初始位置。因此,当正弦交流电的最大值、角频率(频率、周期)和初相角确定时,正弦交流电就能被确定。也就是说这三个量是正弦交流电必不可少的要素,所以我们称幅值、频率、初相为正弦交流电的三要素。

5)有效值

从做功的角度来衡量交流电,不能用幅值,因为它只是最大的瞬间值;也不能用平均值,因为正弦交流电在一周期内的平均值为零。交流电流(或电压)通常是用有效值来计量的。某一周期电流 i 通过电阻 R 在一个周期 T 内产生的热量,和另一个直流电流通过同样大小的电阻在相等的时间内产生的热量相等,那么这个周期性变化的电流 i 的有效值

在数值上就等于这个直流 I。交流电的有效值用大写字母表示，这与直流电类似，如 I, U 分别表示电流和电压的有效值。

设电阻 R，通以交流电 i，在很短的一段时间 dt 内，流经电阻 R 的交流电可认为是不变的，在这很短的时间内 i 在 R 上产生的热量

$$dW = i^2 R dt$$

设 $\phi_i = 0$，在一个周期内交流电在电阻上产生的总热量

$$W = \int_0^T dw dt = \int_0^T i^2 R dt = \int_0^T (I_m \sin\omega t)^2 R dt$$

而直流电 I 在同一时间 T 内在该电阻上产生的热量

$$W = I^2 RT$$

根据有效值的定义有

$$I^2 RT = \int_0^T i^2 R dt \quad 即 \quad I = \sqrt{\frac{1}{T}\int_0^T I_m^2 \sin^2\omega t dt}$$

通过计算可得： $\quad I = \dfrac{1}{\sqrt{2}} I_m = 0.707 I_m \hfill (2-5)$

对于电压，同样有： $\quad V = \dfrac{1}{\sqrt{2}} V_m = 0.707 V_m$

例如，交流电压为 380V 或者 220V，都是指它们的有效值。交流电压表和交流电流表的读数，用电器的额定电流和额定电压都是指有效值。

【例 2-1】 已知某交流电压为 $u = 311\sin(314t + 60°)$（伏），这个交流电压的最大值和有效值分别为多少？

【解】：对照式（2-2）：最大值 $U_m = 311$（伏）

有效值 $U = 311 \times 0.707 = 220$（伏）

【例 2-2】 上述交流电压的频率、角频率和周期各为多少？

【解】：由式（2-2）对比可知

角频率： $\quad\quad\quad\quad \omega = 314 \quad$ (rad/s)

频率： $\quad\quad\quad f = \omega/2\pi = 314 \div (2 \times 3.14) = 50$（HZ）

周期： $\quad\quad\quad T = 1/f = 1 \div 50 = 0.02$（s）

在正弦交流电路中，负载的端电压 u 和流过负载的电流 i，频率是相同的。纯电阻电路（如白炽灯）两端电压和流过的电流相位一致，但对于电感性电路（如日光灯），u 和 i 的相位不一致。u 和 i 可分别用下式表示：

$$u = U_m \sin(\omega t + \phi_u)$$
$$i = I_m \sin(\omega t - \phi_i)$$

即它们的初相分别为 ϕ_u 和 $-\phi_i$，如图 2-3 所示。

两个同频率正弦量的相位之差，称为相位差，用 ϕ 表示。图 2-3 中电压 u 和电流 i 的相位差为：

$$\phi = \phi_u - (-\phi_i) = \phi_u + \phi_i$$

由图 2-3 的正弦波形可见，因为 u 和 i 的初相位不同，所以它们的变化步调是不一致的，即不会同时到达幅值或零值。图中，$\phi_u > \phi_i$，所以 u 较 i 先到达幅值。这时我们说，在相位上 u 比 i 超前 φ 角，或者说 i 比 u 滞后 φ 角。

电压之间也可以有相位差。例如，在三相交流电中，三个正弦电压，在相位上各相差 120°。

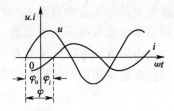

图 2-3　u 和 i 的相位不等

6) 电功率：

由于在交流电路中，负载有时具有电感性（如电动机、使用传统镇流器的日光灯等），电压会超前电流一个相位角 φ，因此，功率的计算与直流电不同。

A. 视在功率（S）：　　　　$S = IU$　（单位：伏安）　　　　　　　　(2-6)

电流和电压有效值的乘积叫做视在功率，在形式上与直流电功率计算一致。它可用来表示电器的容量。例如，视在功率常用于表示变压器的容量。

B. 无功功率（Q）：　　　　$Q = IU\sin\phi$　（单位：乏）　　　　　　　(2-7)

电流、电压的有效值与它们的相位差 φ 的正弦的乘积叫做无功功率。它和电路中实际消耗的功率无关，而只表示电感（或电容）元件与电源之间能量交换的规模。无功功率大，线路上的损耗就大，电能被线路消耗得多。

C. 有功功率（P）：　　　　$P = IU\cos\phi$　（单位：瓦）　　　　　　　(2-8)

有功功率 P 反映了交流电做功能力的大小。功率因数 cosφ 是反应电能利用率大小的物理量。人们可以采取措施提高功率因数。如对于电感性负荷，可以并联适当大小的电容器。

7) 电功（W）：　　　　$W = Pt$　（单位：焦耳）　　　　　　　　　　(2-9)

电功另一个常用单位是千瓦小时，俗称度。

电功反映了交流电做功的多少，度是常用的电费计量单位。

【例 2-3】

60 只功率为 40 瓦的白炽灯和 40 只功率为 35 瓦、使用传统镇流器功率因素为 0.5 的日光灯接在 220 伏交流电路中，分别求电流大小。若每天开灯 6 小时，每月（30 天计）要用电多少度？

【解】：每只白炽灯取用的电流：$I_{白} = \dfrac{P}{V \cdot \cos\phi} = \dfrac{40}{220 \times 1} = 0.182(A)$

每只日光灯取用的电流：$I_{日} = \dfrac{P}{V \cdot \cos\phi} = \dfrac{35}{220 \times 0.5} = 0.318(A)$

$$I_{总白} = I_{白} \times 60 = 0.182 \times 60 = 10.92(A)$$
$$I_{总日} = I_{日} \times 40 = 0.318 \times 40 = 12.72(A)$$
$$W = (P_{白} \times 60 + P_{日} \times 40) \times t = (40 \times 60 + 35 \times 40) \times 0.001 \times 6 \times 30 = 684(度)$$

由于使用了传统镇流器，虽然日光灯功率比白炽灯小，但从电源取用的电流却要大，线路损耗也大，因此，推荐使用电子镇流器。

8) 单相照明电路

图 2-4 是最简单的单相照明电路。由交流电源（A 表示火线，N 表示零线）、配电箱

（含双刀闸开关DK、熔断器RD）插座CZ、灯开关K、白炽灯D、导线等组成。从上到下依次是：图2-4（a）原理图、图2-4（b）接线图和平面图。

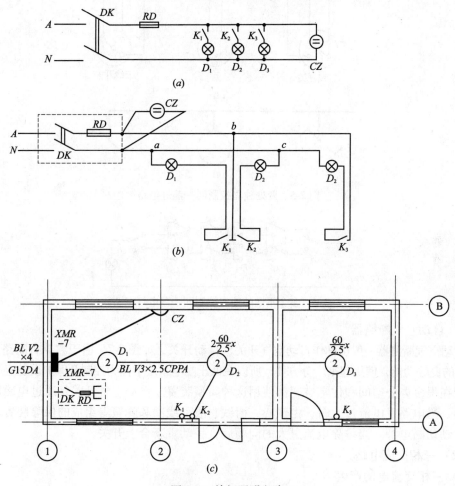

图2-4 单相照明电路
（a）原理图；（b）接线图；（c）平面图

有了平面图，电工就能进行排线、接线等工作，因此，对于简单的照明电路等，工程上往往仅给出平面图。

为了减少故障、方便检修，在线路敷设中，尤其在穿管配线中要避免电线中间有接头，所有导线接头都应放在开关或灯座中。

为了在不同的地点控制同一盏灯，可以使用双控三线开关。图2-5分别为接线图图2-5（a）和平面图图2-5（b）。在图2-5（b）中，竖直方向导线上画有三根斜线，表示有三根配电导线，四根以上的导线通常以数字4、5…表示。

无论是单控开关还是双控开关，都要注意"火线进开关，零线进灯头"这一基本原则。

使用多只双刀双掷开关，还可以实现在多个不同的地点控制同一盏电灯，电原理图如图2-6所示。图中A和B是单刀双掷开关，其余都是双刀双掷开关。用户可以在A、B、C、D、E、F中的任意一处开或关这同一盏电灯。

55

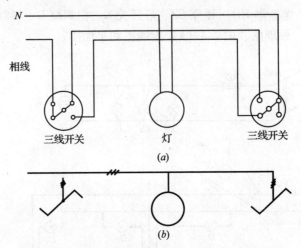

图 2-5 两处独立控制同一盏灯电路

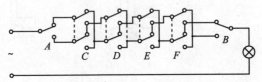

图 2-6 多个不同的地点控制同一盏电灯电路

9）自动空气断路器

自动空气断路器一般也称作自动空气开关、自动开关，如图 2-7。由于它兼有断路器和保护装置的良好功能，使用起来十分方便，所以在低压配电系统中作为控制及保护设备应用。

现在很多办公空间和住宅空间都使用这种新型装置。自动空气开关是通过电磁原理来实现的，当电路里电流过大时，由铁心、衔铁、吸引线圈和弹簧等组成的保险装置就会脱扣，自动切断电源。当排除电流过大的问题后，手动重新合上开关。

（2）三相交流电路

1）三相交流电的产生

电厂通过三相同步发电机发出三相交流电。最简单的三相发电机有三个完全相同的，但在空间上相互差 120°的绕组（AX、BY、CZ）。这三个绕组发出的交流电频率和电压最大值都相等，但相互之间有 120°的相位差，如图 2-8 所示。

图 2-7 自动空气开关

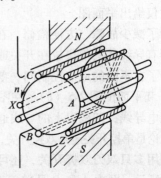

图 2-8 三相交流发电机模型

以电动势为例,它们分别为:

$$e_a = E_m \sin\omega t$$
$$e_b = E_m \sin(\omega t - 120°)$$
$$e_c = E_m \sin(\omega t - 240°) = E_m \sin(\omega t + 120°)$$

其波形图见图 2-9 所示。

如果把三相发电机的每一相都用两根导线分别和负载相连,则每一相均不与另外两相发生关系,如图 2-10 所示。这样使用的三相电路称为互不联系的三相电路,总共需要六根导线来输送电能。这与单相制比较,既不节约导线,也没有任何优越之处,在实际应用中人们不采取这种方法。对于三相交流发电机所发出的三相电可以采取星形或三角形连接方法,以发挥三相交流电的优势。

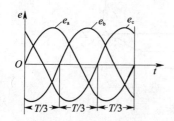

图 2-9　三相交流电动势的波形图

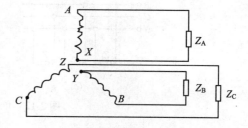

图 2-10　互不联系的三相电路

将 X、Y、Z 三个端点连接起来,作为电源中性点,再用电线引出作为中性线;由 A、B、C 三个端点引出三根相线,如图 2-11 所示。这样总共用了四根电源线,与前面相比可少用二根。这种接法称为电源的星形(Y型)接法。

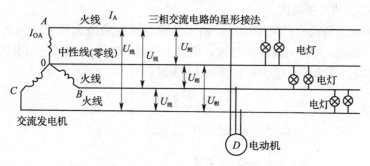

图 2-11　作星形接法的三相交流电系统示意图

2)三相电路的连接及其特点

A. 电源的星形接法

电源作星形连接时,人们把三个绕组首端引出的三根相线,俗称为"火线"。三根相线常用 A、B、C(或黄、绿、红)表示。在很多供电系统中,中性线与大地相连,因此人们俗称中性线为"地线";中性线用"N"或"O"表示。相线与相线之间的电压叫做"线电压",每一根相线与中性线之间的电压叫做"相电压"。由于三相电压互差120°,因此,二个相电压串联后得到的线电压的大小,并不是简单地相加。在星形接法下,线电压是相电压的$\sqrt{3}$倍(≈1.73倍),即

$$V_{线} = \sqrt{3} V_{相} \tag{2-10}$$

我们使用的市电,相电压为220V,我们可以接到电灯上;三根相线,每两根相线之间的电压是线电压,数值都是380V,可以接到电动机等三相负载上。这种供电系统也称为380/220V供电系统。

B. 负载的星形接法

三个负载 Z_a、Z_b、Z_c 的一端连接在一起,成为负载中点,接于三相电源的中线 N 上,三个负载的另一端分别与三根相线 A、B、C 相接。

如图2-12(a)和图2-12(b)所示的接法都是负载的星形接法。负载作星形接法时,每相负载所承受的电压是相电压。

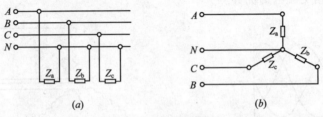

图 2-12　负载的星形接法

C. 发电机的三角形接法

发电机的三相绕组,可接成"三角形接法",这时,只要把每一绕组的尾端和另一绕组的首端依次相连接,使三个绕组构成一个闭合的回路,由于三相电存在相位差,因此,这个闭合回路中没有电流。从三个连接点 ABC 上可分别引出三根相线。用这种接法时,没有中线。但三相交流发电机采用三角形接法的很少。

D. 负载的三角形接法图

图2-13所示为负载的三角形接法。由于负载都接在两根火线上,因此每相负载承受的是线电压;此时,火线上流过线电流,负载上流过相电流。如果三相电压对称,三相的负载又完全相同,那么线电流为相电流的1.73倍。即

$$I_{线} = \sqrt{3} I_{相} \tag{2-11}$$

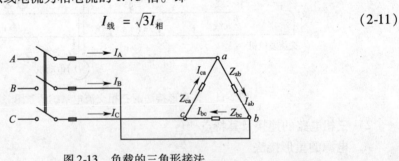

图 2-13　负载的三角形接法

线电流与相电流没有简单的相加的原因,同样是因为电流之间的相位差是120°。

通常电源的线电压是对称的,不会因负载是否对称而改变,所以三角形连接时,负载不论对称与否,其电压是不变的。

三相电动机既有星形接法,也有三角形接法,到底采用什么接法,由绕组的额定电压决定,不能随意乱接,否则不是烧毁电机,就是电压不足而使电机无法正常运转。

在电动机外壳铭牌的额定电压栏，常注明 380/220V 的字样，斜线上面的数字是额定线电压，当线电压为 380V 时，电动机应作星形接法；斜线下面的数字是指额定相电压，当电源的线电压为 220V 时，电动机作三角形接法。特别注意，对于常见的 380/220V 供电系统，该电动机只能作星形连接。

图 2-14 是三相异步电动机的接线盒，图 2-14（a）电动机作△接法，图 2-14（b）电动机作 Y 接法。

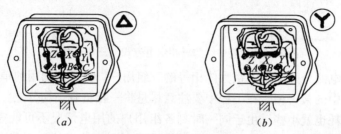

图 2-14 三相电动机的接线盒
（a）电动机作△接法；（b）电动机作 Y 接法

3）三相电功率

三相交流电的功率等于各相功率之和。在对称负载的情形下，各相的电压 $U_{相}$、各相电流 $I_{相}$、功率因数 $\cos\phi$ 都相等（ϕ 是电压超前电流的电角度）。因此无论负载作星形还是三角形连接，三相电路的功率都可写为：

$$P = 3U_{相}I_{相}\cos\phi \tag{2-12}$$

我们还可以证明，在各相负载都相同的情形下，无论负载作星形还是三角形连接，都有：

$$P = \sqrt{3}U_{线}I_{线}\cos\phi \tag{2-13}$$

但必须注意，虽然对星形接法和三角形接法，三相电功率计算的公式具有同一形式，却并不等于说同一负载在电源的线电压不变的情况下，由星形接法改为三角形接法时所消耗的功率也相等。这是因为，首先，负载的额定电压是不允许任意改变的，提高了电压，用电器很快就会烧毁；其次，即使负载能够承受高电压，在电源和负载均未变化的情况下，星形接法改为三角形接法时，负载的端电压提高了 1.73 倍，由此相电流也会增大 1.73 倍，负载的功率会因此增大 3 倍。

4）中线问题

在负载对称情况下，由于相电压是对称的，所以各相电流相等且对称，波形图如图 2-15（a）所示，每一相的电流与对应的相电压之间的相位差都相同。可以证明，此时中性线中的电流为零。既然对称负载作星形连接时，中性线上的电流为零，那么，有无中性线对电路就没有影响，可以将中性线取去。如图 2-15（b）所示，这样就构成了三相三线供电制。

例如，三相异步电动机是三相对称负载，它运行时可以不接中线。

然而，在负载不对称的情况下，中性线上的电流 I_0 将不会等于零，在各相负载的差别很小时，中性线上的电流比端线电流小很多，所以中性线可以用较细的导线。但此时中性线绝不能取消或让它断开，否则将使各相电压失去平衡，产生严重的后果。

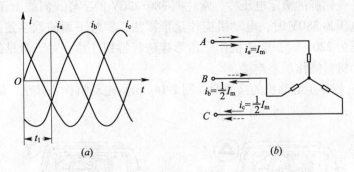

图 2-15 没有中线的三相供电方式（三相三线制）

通常把三相电源分配给用电量大体相等的三组用户。日常照明用的单相交流电源，就是三相供电系统中的某一相。在工程中要注意尽量将三相负载平均分配，这样中线电流会小一些，线路损耗也就小些。由于同一时刻各组用户的用电情况不可能完全一样，所以，一般说来三相的负载是不对称的。此时如果中性线断开，各相的电压就会偏离其正常值，以致有的用户的电压不足，有的用户电压过高。因此，在负载不对称的情况下，星形接法的中性线是不能断开的。非但如此，中性线还需要使用较坚韧的铜线、中性线上还规定不允许安装保险丝和开关，以免断开中线而造成事故。

在 20 世纪 80 年代前，选用中性线 N 或 PEN 线（三相四线制的供电系统的保护接零和中性线并用的导线称 PEN 线）的截面，通常为相线的 1/2 甚至 1/3。但如今随着电脑及各种家用电器设备的发展与普及，低压电网高次谐波污染日益加剧，3 次及其倍数谐波均构成中性线电流，由于此时各相电流之间不再是严格的具有 120° 相位差，在中性线汇总的电流便不能相互抵销，由此造成中性线电流过大并引发电气火灾的现象也有发生。为此，相关设计规范已规定，"三相四线或二相三线的配电线路中，若是以气体放电灯为主要负荷时，其 N 线或 PEN 线不宜小于相线截面。民用建筑配电系统的干线、支干线及支线的导线截面至少应选择 N 或 PEN 线截面与相线截面相同。IEC 标准还规定，不论相线截面多小，PEN 线的截面不得小于 $10mm^2$ 铜线或 $16mm^2$ 铝线，以保证其机械强度，防止发生"断零"危险。

5）关于接地问题

结合国际电工委员会 IEC《建筑物电气装置标准》TC64（364—3）的有关规定，将目前我国低压供电系统中，电气设备保护线的几种连接方式简介如下：

A．TN—S 系统。如图 2-16 所示，在整个系统中，中性线与保护线是分开的（三相五线制）。

该系统在正常工作时，保护线上不呈现电源，因此设备的外露可导电部分也不呈现对地电压，比较安全，并有较强的电磁适应性，适用于数据处理、精密检测装置等供电系统，商业、宾馆、娱乐场所、办公大楼等应采用 TN—S 系统，并作等电位连接。目前在我国的高级民用建筑和新建医院已普遍采用。

B．TN—C 系统。如图 2-17 所示，在整个系统中，中性线与保护线是合用的（三相四线制）。

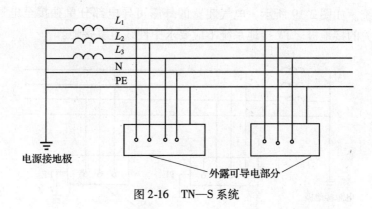

图 2-16 TN—S 系统

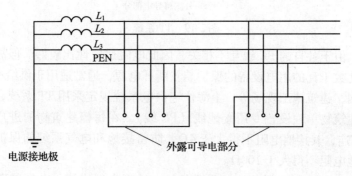

图 2-17 TN—C 系统

当三相负荷不平衡或只有单相负荷时，PEN 线上有电流，如选用适当的开关保护装置和足够的导电截面，也能达到安全要求，且省去一根电线。这种供电系统目前在我国应用最广。在爆炸和火灾危险场所，不采用 TN—C 系统，而采用 TN—S、TN—C—S、TT 或 IT 系统。

C. TN—C—S 系统。如图 2-18 所示，在整个系统中，有部分中性线与保护线是分开的。

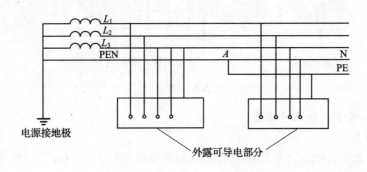

图 2-18 TN—C—S 系统

这种系统兼有 TN—C 系统的价格较便宜和 TN—S 系统的比较安全且电磁适应性比较强的特点，常用于线路末端环境较差的场所或有数据处理等设备的供电系统。民用建筑可采用 TN—S 系统或 TN—C—S 系统。

D. TT 系统。如图 2-19 所示，电气装置的外露可导电部分单独接至电气上与电力系统的接地点无关的接地极。TT 接地系统不应要求中性线重复接地。

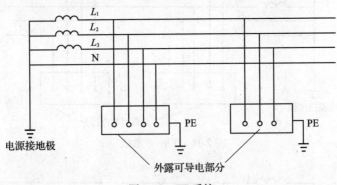

图 2-19　TT 系统

该系统中，由于各自的 PE 线互不相关，因此电磁适应性比较好。但故障电流值往往很小，不足以使数千瓦的用电设备的保护装置断开电源，通常适用于供给小负荷系统，如农村低压电力网、建筑施工现场等。上海住宅供电系统规定采用 TT 系统，供电局三相四线进户，每幢建筑物单独设置专用接地线（PE 线）。在每幢建筑物的进户处设置一组接地极和 PE 线相连，其接地电阻不得大于 4Ω。防雷接地和电气系统的保护接地是分开设置的，防雷接地电阻不得大于 100Ω。

E. IT 系统。如图 2-20 所示，电源部分与大地不直接连接，电气装置的外露可导电部分直接接地。

该系统多用于煤矿及厂用电等希望尽量少停电的系统。

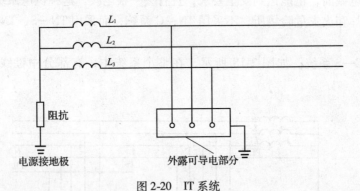

图 2-20　IT 系统

1.1.2　照明方式和照明质量

（1）照明方式

照明器按其安装部位或使用功能而构成的基本形式称为照明方式，按照建设部第 247 号公告发布施行的《建筑照明设计标准》（GB 50034—2004）（本书以后简称《标准》），照明方式有下列四种：

1) 一般照明：一般照明也称全面照明，是一种不考虑特殊局部需要，为照顾整个被照面而采用的照明方式。一般的教室、会议室、接待室和没有特殊照明要求的办公室采用这种方式。

一般照明又可分为以下几种形式：

A. 直接照明：这是传统的一般照明，这种照明功能作用大于装饰作用。由于对裸露的光源不加处理，眼睛常常会受到直接眩光的危害，人们会感到很刺眼。

B. 间接照明：将光源遮蔽而产生间接照明，把光线射向顶棚、墙面或其他表面，从这些表面再反射至室内。当间接照明紧靠顶棚，可以造成几乎无阴影，是最理想的一般照明。从顶棚和墙上端反射下来的间接光，会造成顶棚升高的错觉。这种光线一般较柔和，受光均匀，没有眩光。这种照明通过装饰来制造氛围，是现今常用的装饰照明方法。但单独使用间接照明，会使室内平淡无趣。另外，灯具用得多，比较费电。

C. 半间接照明：半间接照明将60%~90%的光向顶棚或墙上部照射，把顶棚作为主要的反射光源，而将10%~40%的光直接照于工作面。从顶棚来的反射光，趋向于软化阴影和改善亮度比，由于光线直接向下，照明装置的亮度和顶棚亮度接近相等。具有漫射的半间接照明灯具，对阅读和学习更可取。这种照明多数用于居室的空间分割、对装饰柜中艺术品的照明、墙壁艺术品照明、化妆台照明等。这种照明光线具有明确的投射方向，突出需要强调的区域，其装饰作用往往大于功能作用。

D. 半直接照明：在半直接照明灯具装置中，有60%~90%光向下直射到工作面上，而其余10%~40%光则向上照射，由下射照明软化阴影的光的百分比很少。

E. 均匀漫射照明：这是一种利用光源透射、反射装置所产生的照明方法，这类装置有织物、薄纸、细纱等，经过滤后的光线达到柔和的效果，给人细腻的感觉。均匀漫射照明常用于客厅、卧室等场所。

2）分区一般照明：对某一特定区域，设计成不同的照度来照亮该区的一般照明。当某一工作区需要高于一般照明照度时，采用分区一般照明。如工厂的不同工段。

3）局部照明：特定视觉工作用的、为照亮某个局部而设置的照明。局部照明指为增加某一指定地点的照度而采用的照明方式。通常在需要有写作、计算等精细操作的办公室有采用局部照明的必要。

4）混合照明：是由一般照明与局部照明组成的照明。对于照度要求较高，工作位置密度不大，且单独装设一般照明不合理的场所，宜采用混合照明。

根据工作性质与工作地点的分布正确选择照明方式，使其既有助于提高照明效果，又有利于降低照明投资与日常的费用支出。

(2) 照明质量

人维持眼睛正常工作所需要的照明条件是：

被观察的细节除了应具有一定的亮度以显示它的形状和质地以外，还必须具有一定的对比度。同时，眼睛必须能适应视野内的总体亮度及其分布，并能进行适当调整。进一步要求，照明应该能提供好的视觉环境，它应使眼睛在观察物体时尽可能减少判断错误，最大限度地减少紧张和疲劳。

对照明质量的要求可概括为三个层次：明亮、舒适、有艺术表现力。明亮是指适宜的环境亮度，合适的工作面照度和均匀度，作业对象和背景有良好对比；舒适是指没有眩光和频闪等光污染、光干扰，人和物的造型立体感自然、悦目，作业面与周围环境表面的亮度比适当，照明控制灵活方便；艺术表现力是指光形成特定的情调和氛围，照明装置外观优美。三者融为一体的照明才是好的照明。

1991年人们提出了绿色照明的口号,绿色照明以节能为中心,推动高效节能光源和灯具的开发应用,引导照明设计采用高效节能的照明产品。

照明质量的定量和非定量的评价是一个十分复杂、涉及因素甚多的问题,主要有以下几项:

1) 合适的照度

照度由表面的入射光总量决定,其单位是勒克斯(lx)。保持合适的照度,对提高工作和学习效率、减少视疲劳、减少事故的发生有很大的好处。合适的照度还要考虑经济上的可能性和技术上的合理性。经多年的研究人们提出许多照度建议值,比较合适的照度建议为:

10~50lx:用作谈话、会客或行路。

50~100lx:适于短期且视力要求不高,加工物件粗大,操作简单的作业。

100~200lx:适于短期且要求中等视力的作业,如短期阅读普通读物。缝制浅色衣服等。

200~500lx:适于长期且要求中等视力的作业,如教学、会计工作;也可用于短期而要求高度使用视力的工作。

500~1000lx:适于长期而视力要求较高的作业,如绘画、缮写、成品检验等;或短期而要求高度视力的工作。当局部照明的照度为500~1000lx时,全面照明的照度须在200lx以上。

1000lx以上:适于长期、高度使用视力的工作,用于加工物件细小,反射系数较低或颜色对比不明显的工作;如精细的雕刻、工笔画、刺绣等。

照度低时人的视功能也低,照度太低容易造成疲劳和精神不振;照度超过1000lx,将造成反光干扰(高光干扰)。同时,由于对比过于强烈造成太强刺激性会使人过分兴奋而受不了。照度过低或过高不但对作业不利,还容易引起眼疾病。《标准》已经对我国目前各类房间和场所的照度提出了标准值,照明设计人员应该遵照执行。

2) 照度的均匀性和稳定性

衡量照明质量的第二个方面是照明的均匀性和稳定性。均匀性一般指照度均匀和亮度均匀,视觉是否舒服愉快在很大程度上决定照明的均匀性。

$$均匀度 = \frac{照明区域内最低照度值}{照明区域内最高照度值}$$

稳定性是指视野内照度或亮度保持定值,不产生波动,光源不产生频闪效应。如果灯光足够"亮",但却在不停地"闪动",光线不够稳定,我们说它存在频闪,频闪深度 = [(光峰值 - 光谷值)/光峰值] ×100%。当该值超过25%时,会对人的视觉系统造成损伤,频闪越深,对人的视觉系统损伤越厉害。这时眼睛需随照度的改变而不断调整瞳孔大小以适应明暗变化,增加了视觉器官的额外负担。如果眼睛的适应能力跟不上亮度变化的速度,视觉效能将明显降低。

A. 按照《标准》,照明在均匀性方面要符合下列要求:

(A) 公共建筑的工作房间和工业建筑作业区域内的一般照明照度均匀度,不应小于0.7,而作业面邻近周围的照度均匀度不应小于0.5。

(B) 房间或场所内的通道和其他非作业区域的一般照明的照度值不宜低于作业区域

一般照明照度值的1/3。

B. 照明在稳定性方面应注意：

（A）避免光源闪烁。人工照明中荧光灯优于白炽灯，荧光灯发光面大，可使视野的照度均匀。荧光灯的光谱近似阳光，照明效果较白炽灯高3~4倍。但荧光灯有可见和不可见的闪烁，对眼睛危害较大，因此应尽量采用多根灯管，以尽可能抵销光源闪烁。

（B）使用外罩遮住机器的运动部件，防止反光。

3）亮度分布

建筑环境的亮度分布也是影响人们视觉舒适感的重要因素之一。明亮给人以宽广感，暗淡则会使场景显得狭窄，表现无立体感而显出沉闷。以室内照明为例，最好不要使用反射率低的顶棚、墙壁、窗帘和家具，因为它们与周围环境的搭配不能达到令人满意的视觉效果。

从适应人眼的习惯来看，最好是采取与自然环境接近的亮度分布，自然界中经常是明亮的天空和较暗的地面，因此在室内可将顶棚照得亮一些。

亮度对比过分会造成喧宾夺主的现象，因此，这项指标通常不要超过3。但事情也不是绝对的，在艺术照明中往往会利用一定的亮度对比来达到强调的目的。例如，为了取得华丽、生动的闪烁效果，艺术灯具上常使用一些有光泽的材料，如晶体状玻璃、镀金器件等，使其产生高亮度。这时，视觉上虽受到了一点影响，观赏心理上却得到了满足。但即便如此，仍应注意物极必反的道理，过分大的亮度对比将产生眩光因素而影响观赏。

适当的对比值可以产生平衡和谐的视觉场景，带来满意和舒适的感受。因此，亮度对比也不要小于1/3。

4）眩光

眩光就是一般人所称的刺眼光线，眩光的存在使人眼看不清楚周边的物品，因而造成眼睛的负担，降低工作效率甚至影响安全。因此，要对眩光进行控制。眩光有以下几种：

A. 直接眩光：眼睛直视光源时感到刺眼眩光，如阅读时灯管的直射光。标准为限制视野内过高亮度或对比引起的直接眩光，规定了直接型灯具的遮光角，其角度值等同采用CIE（国际照明委员会）标准《室内工作场所照明》S008/E—2001的规定。适用于长时间有人工作的房间或场所内。

B. 反射眩光：光源投射对象后反射至眼睛的光线，一般常称为反光，此种眩光对舒适性影响最大。

C. 对比眩光：室内主灯与台灯明暗比过大时，会有对比眩光。

眩光会造成很大的伤害。有数据表明，43%的学生在阅读时感到最不适的是反射眩光，它已成为视觉污染的头号"杀手"。当灯光投射在书本和其他物体上时所产生的反射眩光会使影像模糊，阅读困难，容易造成眼睛疲劳，降低阅读效率，以致造成眼睛酸痛、头痛等问题。我国青少年近视发病率已高达50%~60%，约占世界近视患者总数的33%，远高于我国占世界人口总数22%的比例。

5）眩光计算

A. 统一眩光值（UGR）

CIE在综合各国眩光计算公式的基础上提出了统一眩光值（UGR）的计算公式，适用于简单的立方体形房间的一般照明设计。《标准》规定，公共建筑和工业建筑常用房间或场所的不舒适眩光应采用统一眩光值（UGR）评价，并按式（2-14）计算：

$$UGR = 8\lg \frac{0.25}{L_b} \sum \frac{L_a^2 \cdot \omega}{P^2} \tag{2-14}$$

式中　L_b——背景亮度（cd/m^2）；　　　　　$L_b = \frac{E_i}{\pi}$

E_i 为观察者眼睛方向的间接照度（lx），它的计算比较繁复，一般需用计算机计算。

L_a——观察者方向每个灯具的亮度（cd/m^2）。

$$L_a = \frac{I_a}{A \cdot \cos \alpha}$$

I_a 是观察者眼睛方向的灯具的发光强度（cd）。

$A \cdot \cos\alpha$ 是灯具在观察者眼睛方向的投影面积，其中 α 是灯具表面法线与观察者眼睛方向所夹的角度（°）。

ω——每个灯具发光部分对观察者眼睛所形成的立体角（sr）。

立体角　　　　　　　　　　　　　$\omega = \frac{A_p}{r^2}$

式中　A_p——灯具发光部件在观察者眼睛方向的表观面积（m^2）；

　　　r——灯具发光中心到观察者眼睛之间的距离（m）；

　　　P——每个单独灯具的古斯位置指数。

古斯位置指数 P 应按图 2-21 生成的 H/R 和 T/R 的比值，查表 2-1 确定。

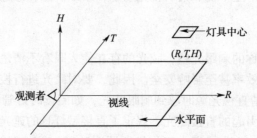

图 2-21　以观察者位置为原点的位置指数坐标系统（R，T，H），对灯具中心生成 HR 和 T/R 的比值

统一眩光值（UGR）的应用条件如下：

（A）UGR 适用于简单的立方体形房间的一般照明装置设计，不适用于采用间接照明和发光顶棚的房间；

（B）适用于灯具发光部分对眼睛所形成的立体角为 $0.1\text{sr} > w > 0.0003\text{sr}$ 的情况；

（C）同一类灯具为均匀等间距布置；

（D）灯具为双对称配光；

（E）坐姿观测者眼睛的高度通常取 1.2m，站姿观测者眼睛的高度通常取 1.5m；

（F）观测位置一般在纵向和横向两面墙的中点，视线水平朝前观测；

（G）房间表面为大约高出地面 0.75m 的工作面、灯具安装表面以及此两个表面之间的墙面。

表 2-1

位置指数表

H/R T/R	0.00	0.10	0.20	0.30	0.40	0.50	0.60	0.70	0.80	0.90	1.00	1.10	1.20	1.30	1.40	1.50	1.60	1.70	1.80	1.90
0.00	1.00	1.26	1.53	1.90	2.35	2.86	3.50	4.20	5.00	6.00	7.00	8.10	9.25	10.35	11.70	13.15	14.70	16.20	—	—
0.10	1.05	1.22	1.45	1.80	2.20	2.75	3.40	4.10	4.80	5.80	6.80	8.00	9.10	10.30	11.60	13.00	14.60	16.10	—	—
0.20	1.12	1.30	1.50	1.80	2.20	2.66	3.18	3.88	4.60	5.50	6.50	7.60	8.75	9.85	11.20	12.70	14.00	15.70	—	—
0.30	1.22	1.38	1.60	1.87	2.25	2.70	3.25	3.90	4.60	5.45	6.45	7.40	8.40	9.50	10.85	12.10	13.70	15.00	—	—
0.40	1.32	1.47	1.70	1.96	2.35	2.50	3.30	3.90	4.60	5.40	6.40	7.30	8.30	9.40	10.60	11.90	13.20	14.60	16.00	—
0.50	1.43	1.60	1.82	2.10	2.48	2.91	3.40	3.98	4.70	5.50	6.40	7.30	8.30	9.40	10.50	11.75	13.00	14.40	15.70	—
0.60	1.55	1.72	1.98	2.30	2.65	3.10	3.60	4.10	4.80	5.50	6.40	7.35	8.40	9.40	10.50	11.70	13.00	14.10	15.40	—
0.70	1.70	1.88	2.12	2.48	2.87	3.30	3.78	4.30	4.88	5.60	6.50	7.40	8.50	9.50	10.50	11.70	12.85	14.00	15.20	—
0.80	1.82	2.00	2.32	2.70	3.08	3.50	3.92	4.50	5.10	5.75	6.60	7.50	8.60	9.50	10.60	11.75	12.80	14.00	15.10	—
0.90	1.95	2.20	2.54	2.90	3.30	3.70	4.20	4.75	5.30	6.00	6.75	7.70	8.70	9.65	10.75	11.80	12.90	14.00	15.00	16.00
1.00	2.11	2.40	2.75	3.10	3.50	3.91	4.40	5.00	5.60	6.20	7.00	7.90	8.80	9.75	10.80	11.90	12.95	14.00	15.00	16.00
1.10	2.30	2.55	2.92	3.30	3.72	4.20	4.70	5.25	5.80	6.55	7.20	8.15	9.00	9.90	10.95	12.00	13.00	14.10	15.00	16.00
1.20	2.40	2.75	3.12	3.50	3.90	4.35	4.85	5.50	6.05	6.70	7.50	8.30	9.20	10.00	11.02	12.10	13.10	14.00	15.00	16.00
1.30	2.55	2.90	3.30	3.70	4.20	4.65	5.20	5.70	6.30	7.00	7.70	8.55	9.35	10.20	11.20	12.25	13.20	14.00	15.00	16.00
1.40	2.70	3.10	3.50	3.90	4.35	4.85	5.35	5.85	6.50	7.25	8.00	8.70	9.50	10.40	11.40	12.40	13.25	14.05	15.00	16.00
1.50	2.85	3.15	3.65	4.10	4.55	5.00	5.50	6.20	6.80	7.50	8.20	8.85	9.70	10.55	11.50	12.50	13.30	14.05	15.02	16.00
1.60	2.95	3.40	3.80	4.25	4.75	5.20	5.75	6.30	7.00	7.65	8.40	9.00	9.80	10.80	11.75	12.60	13.40	14.20	15.10	16.00
1.70	3.10	3.55	4.00	4.50	4.90	5.40	5.95	6.50	7.20	7.80	8.50	9.20	10.00	10.85	11.85	12.75	13.45	14.20	15.10	16.00
1.80	3.25	3.70	4.20	4.65	5.10	5.60	6.10	6.75	7.40	8.00	8.65	9.35	10.10	11.00	11.90	12.80	13.50	14.20	15.10	16.00
1.90	3.43	3.86	4.30	4.75	5.20	5.70	6.30	6.90	7.50	8.17	8.80	9.50	10.20	11.00	12.00	12.82	13.55	14.20	15.10	16.00
2.00	3.50	4.00	4.50	4.90	5.35	5.80	6.40	7.10	7.70	8.30	8.90	9.60	10.50	11.10	12.00	12.85	13.60	14.30	15.10	16.00
2.10	3.60	4.17	4.65	5.05	5.50	6.00	6.60	7.20	7.82	8.45	9.00	9.75	10.50	11.20	12.10	12.90	13.70	14.35	15.00	16.00
2.20	3.75	4.25	4.72	5.20	5.60	6.10	6.70	7.35	8.00	8.55	9.15	9.85	10.60	11.30	12.10	12.95	13.70	14.40	15.15	16.00
2.30	3.85	4.35	4.80	5.25	5.70	6.22	6.80	7.40	8.10	8.65	9.30	9.90	10.70	11.40	12.20	13.00	13.70	14.40	15.20	16.00
2.40	3.95	4.40	4.90	5.35	5.80	6.30	6.90	7.50	8.20	8.80	9.40	10.00	10.80	11.50	12.25	13.00	13.75	14.45	15.20	16.00
2.50	4.00	4.50	4.95	5.50	5.85	6.40	6.95	7.55	8.25	8.85	9.50	10.05	10.85	11.55	12.30	13.00	13.80	14.50	15.25	16.00
2.60	4.07	4.55	5.05	5.47	5.95	6.45	7.00	7.65	8.35	8.95	9.55	10.10	10.90	11.60	12.32	13.00	13.80	14.50	15.25	16.00
2.70	4.10	4.60	5.10	5.53	6.00	6.50	7.05	7.70	8.40	9.00	9.60	10.16	10.92	11.63	12.35	13.00	13.80	14.50	15.25	16.00
2.80	4.15	4.62	5.15	5.56	6.05	6.55	7.08	7.73	8.45	9.05	9.65	10.20	10.95	11.66	12.35	13.00	13.80	14.50	15.25	16.00
2.90	4.20	4.65	5.17	5.60	6.07	6.57	7.12	7.75	8.50	9.10	9.70	10.23	10.95	11.65	12.35	13.00	13.80	14.50	15.25	16.00
3.00	4.22	4.67	5.20	5.65	6.12	6.60	7.15	7.80	8.55	9.12	9.70	10.23	10.95	11.65	12.35	13.00	13.80	14.50	15.25	16.00

由此可见上述公式使用的局限性。在灯具数量多，品种复杂的情况下，具体计算更加复杂，必须用计算机进行处理。

B. 眩光值（GR）

室外场所的不舒适眩光应采用眩光值（GR）评价，《标准》也给出了计算方法，本书介绍从略。

6）光的方向性和扩散性

光在空间的分布方式也是照明品质的重要准则之一，使用一般照明设备把灯光均匀地分散至各个角落；利用局部照明方式，把灯光集中在某些区域。通常是将前述两种方式搭配应用。

被照面上的光通量来自空间不同方向的照明称为扩散照明。光源发出的光通量在各个方向上的分散程度称为扩散度。光源的光通量分散得越均匀，扩散度越好。提高顶棚、墙面和地板的反射率，可有效地改善照明的扩散度。

具有良好扩散度的照明，能使被照物体在各个方向都受到光线的照射，因而阴影微弱，并使不同倾角的被照面上的照度比较接近。因此，对于需要视线在不同倾角的被照面上经常变换的工作场所，使用扩散照明是十分合适的。另一方面，使用扩散照明时，由于阴影显得很柔和，三维效果也不那么深刻；当空间完全由扩散照明主导时，给人的印象是单调的，物体的辨识和距离的判断还会发生困难。

定向照明产生高度对比和三维效果，它会创造出明亮区域并投射出很深的阴影，将被照明物体的轮廓清楚强烈地显示出来。然而非常深的阴影却会令人不舒服，物体的细节也会变得模糊。要得到良好的三度空间观看感受，通常至少需要来自两个方向的定向照明，例如装饰用的投光照明就是由辅助光束来帮助主要光束，它们最常使用1:2的亮度对比。

在某些场合，定向照明的方向可以多样化。例如背景光用于装饰性照明，能在明亮背景上产生轮廓效果；上照光则是从底部往上照射，它能创造出非常戏剧性的效果，这也是此项技术在戏剧中大受欢迎的原因。

7）光源颜色

光源的颜色包含两方面：色表和显色性。人眼直接观察光源时所看到的颜色，称为光源的色表，由光源的光谱分布决定，用色温（CT）表示；显色性是指光照射到物体上所产生的客观效果，显色性用显色指数（Ra）表示，以太阳光 $Ra=100$ 为标准，其他人工光源的 Ra 均小于100。白炽灯 $Ra=95\sim99$，荧光灯 $Ra=70\sim80$ 等，绿色光源 Ra 值应≥85。

各色物体受照的效果和标准光源照射时一样，则认为该光源的显色性好（Ra 高）；反之，如果物体在受照后颜色失真，则该光源的显色性就差（Ra 低）。将白炽灯和荧光高压汞灯进行对比，夜间荧光高压汞灯光色洁白明亮，但灯光下的人脸却呈青紫色。说明该光源色表虽好但显色性却很差。白炽灯光色呈白偏红橙，对装饰物颜色显现与日光比较接近，说明白炽灯的色表虽不如高压汞灯，但其显色性却较好。简易的显色性辨别方法就是灯光下看手掌：手掌血色分明，光显色指数高；如手掌发青则灯光显色度低。"真实"颜色并不存在，人们倾向于在他们认为是自然或真实的照明条件下判断颜色。

色表和显色性由可见辐射的光谱分布所决定，目前市场上出现许多新型光源，它们有各自的颜色特性。随着可供选择的光源种类越来越多，要为特定照明场合选择正确的光源也会更加困难，因此这项准则的重要性正不断增加。选取光源的正确做法是先确定最后会在什么地方看到这些物品，然后在同样类型的照明灯光下进行评估，比如，晚礼服就应该在白炽灯光下挑选，因为在穿着这类服装的场合中，它们是最可能的照明方式。《标准》提出，室内照明光源色表可按其相关色温分为三组，光源色表分组宜按表 2-2 确定，并举例了适用的场所。

光源色表分组　　　　　　　　　　　　　　　　　　　　　　表 2-2

色表分组	色表特征	相关色温（K）	适用场所举例
Ⅰ	暖	<3300	客房、卧室、病房、酒吧、餐厅
Ⅱ	中间	3300~5300	办公室、教室、阅览室、诊室、检验室、机加工车间、仪表装配
Ⅲ	冷	>5300	热加工车间、高照度场所

1.1.3　电光源及其选择

（1）电光源

电光源一般分为固体发光和气体放电发光两大类，如表 2-3 所示：

电光源的分类　　　　　　　　　　　　　　　　　　　　　　表 2-3

固体发光光源		场致发光灯（高压、小电流驱动，用于玩具、礼品）	
		半导体发光器件—发光二极管（LED）（有前途）	
	热辐射光源	白炽灯（限制使用）	
		卤钨灯	
气体放电发光电源	辉光放电灯	氖灯（常用作信号灯）	
		霓虹灯（常用作广告、装饰等）	
	弧光放电灯	低气压放电灯	荧光灯（普遍使用）
			紧凑型荧光灯（可推广）
			低压钠灯
		高气压放电灯	高压汞灯（应淘汰）
			高压氙灯（室外使用）
			高压钠灯
			金属卤化物灯（可推广）

1）白炽灯

A. 普通白炽灯

即一般常用的白炽灯泡，让电流通过细金属丝（通常是钨丝），利用电流的热效应来使它发光。

特点：显色性好、灯一开就亮、可连续调光、结构简单、价格低廉。但寿命短、光效低。为节约能源，一般情况下，要少用普通白炽灯照明，100W 及以上的白炽灯应限制使用。

《标准》规定，下列情况下可使用白炽灯：

（A）要求瞬时启动和连续调光的场所。

(B) 对防止电磁干扰要求严格的场所。
(C) 开关灯频繁的场所。
(D) 照度要求不高、点燃时间短的场所。
(E) 对装饰有特殊要求的场所。如使用紧凑型荧光灯不合适时,可以采用白炽灯。

B. 卤钨灯

填充气体内含有部分卤族元素或卤化物的充气白炽灯,如图2-22所示,具有普通照明白炽灯的全部特点,光效（18~21lm/W）和寿命比普通照明白炽灯有所提高,体积小。

图2-22 卤钨灯

2) 气体放电发光光源

A. 低气压放电灯

（A）荧光灯（俗称日光灯）。特点：光效高、寿命长、光色好。传统荧光灯的典型电原理图见图2-23中左。

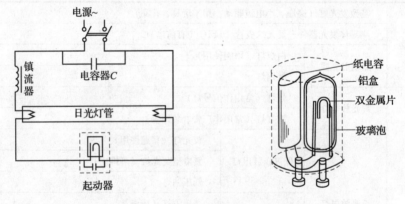

图2-23 荧光灯电原理图及启辉器

A) 荧光灯的发光原理：

荧光灯是一种低压汞蒸气放电灯,灯管内充少量惰性气体和微量汞。灯管内表面涂有荧光粉。当灯点燃后,惰性气体开始放电,由于灯管内温度上升,使汞气化,便逐渐代替了惰性气体放电。在低气压汞蒸气放电过程中,发出共振辐射强度很大的253.7nm的紫外线,并伴有185.0nm的紫外线和少量的可见光。荧光粉在紫外线辐照下发出可见光。由于荧光灯管放电时具有负阻效应,因此不能把灯管直接接到电源上,为了让荧光灯正常工作,需要镇流器和起辉器（如图2-23中右）。传统电感镇流器的损耗大,功率因素低,可用电子镇流器取代之。

B) 影响荧光灯发光效率的因素：

除了荧光粉质量外,荧光灯的发光效率随灯管长度而变化,灯管长度长,荧光灯的发光效率高,发光效率还与管径有关,细管径荧光灯的发光效率较高。

C) 三基色稀土荧光灯

根据人眼的视觉特点，1974年荷兰菲利普公司发明了铝酸盐体系的三基色荧光粉。这种荧光粉有三个响应峰值，分别位于450、500、610nm这三个可见光区域附近，从而实现了荧光灯高光效和高显色性的较好统一。在显色要求高的场所，可采用Ra大于80的三基色稀土荧光灯。

荧光灯有直管型、环型、紧凑型等。细管径三基色管T8（$\Phi=26mm$）普遍采用稀土三基色荧光粉发光材料，当涂敷保护膜后，光效提高到75～86lm/W，比粗管径T12（$\Phi=38mm$）荧光灯的效率提高很多；T5系列管径更小（$\Phi 16mm$），T5FH（高光效）系列光效为96～104lm/W，比T8荧光灯又高出20%～30%左右；28瓦T5FQ（高功率）系列是体积更小、能发出更大光通量的荧光灯。目前T8荧光灯管已普遍推广应用，T5管也逐步扩大市场，并已有更为先进的T3、T2超细管径的新一代产品。直管形、环型荧光灯可用于高度较低的房间，如教室、办公室等。

D）紧凑型荧光灯

荷兰菲利普公司1979年研制成紧凑型荧光灯，这是一种整体型的小功率荧光灯。灯与镇流器、起辉器一体化，可直接取代白炽灯，寿命比白炽灯长5～10倍，节电70%～80%。现在使用电子镇流器的紧凑型荧光灯更省电，用途更广泛。紧凑型荧光灯按结构分有H、2H、U、2U、3U、W型、螺旋型等多种。螺旋型电子节能灯如图2-24所示。

（B）低压钠灯

特点：低钠灯光效为40～50lm/W，能产生暖和的金黄色光，寿命长、透雾性强，但显色性差。有一种豪华型低压钠灯，其显色性稍好。常用于隧道、港口、码头、矿场等照明。

图2-24 螺旋式紧凑型电子节能灯

B. 高气压放电灯

高气压放电灯简称高压灯，它是以充气压力大小来区分而不是以使用电压的高低来区分的。高气压气体放电灯有：荧光高压汞灯、高压钠灯、高压氙灯和金属卤化物灯等。

（A）荧光高压汞灯

《标准》指出，荧光高压汞灯光效较低，寿命不长，显色指数低，故不宜采用。自镇流荧光高压汞灯光效更低，不应采用。

（B）高压钠灯：见图2-25。其光效高，寿命长，价格较低，但其显色性差，可用于辨色要求不高的场所，如锻工车间、炼铁车间、材料库、成品库等。

（C）金属卤化物灯（金卤灯）：

人们发现在高压汞灯中加入一点金属卤化物后，不仅亮度增强，而且光色也大为改善。利用这种原理生产的金属卤化物灯是继白炽灯、卤素灯之后的第三代绿色照明光源，它是使金属原子或分子参与放电而发光的高压气体放电灯。其发光效率相当于普通灯泡的10倍以上，节能效果明显。用汞量仅为汞灯的1/10，对环境污染非常小。现在我国已生产出钠铊钠灯、铊灯、高压铟灯、氯化锡灯等各种系列的金属卤化物灯。这种灯正逐步取代高压汞灯，在照明领域大显身手。

金属卤化物灯的工作特性与汞灯类似，灯点燃后，灯管放电起先在惰性气体中进行，此时灯只发出暗淡的光，随后放电产生的热量逐渐加热玻壳，汞和金属卤化物随温度上升而蒸发，进入到电弧中参与放电，发出金属特征光谱。其特点是色温高，可达 5000～6000K（专用投影机灯可达 7000～8000K），光效高（100～1205lm/W）、显色性好（Ra 可达 90%）、光衰小、使用寿命长（一般可达 1.5 万至 2 万小时）。紧凑型金属卤化灯如图 2-26 所示。

锡系列金属卤化物灯能产生强烈的分子辐射，发射出很强的连续光谱，因此，显色性更好，Ra 可达 95%。

小功率金属卤化物灯极具发展潜力，一盏比小拇指还细小的 25W 灯泡，发光亮度可相当于 250W 的普通白炽灯泡。金属卤化物灯的缺点是启动时间稍长。

3）其他电光源

A. 高频等离子体放电无极灯

简称高频无极灯，如图 2-27 所示。它由高频驱动电源、泡壳及耦合器三部分构成，有 25、55、85、150W 等多种规格。高频无极灯是通过把高频电磁能以感应方式耦合到灯泡内，使灯泡内的气体雪崩电离形成等离子体，当等离子体受激原子返回基态时会幅射出 245nm 的紫外线，灯泡内壁的荧光粉受紫外线激发而发出可见光。

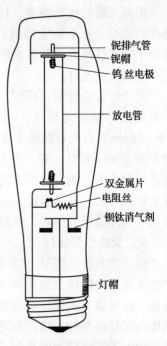

图 2-25 高压钠灯

图 2-26 双极紧凑型金属卤化灯

图 2-27 高频无极灯

它有下列主要特点：

高效节能，例如，35W 高频无极灯，光效相当于 200W 白炽灯。

寿命长：无极灯没有灯丝和电极，激励源在灯泡外，灯泡寿命仅决定于荧光粉的自然衰减，寿命达 60000 小时以上（正常使用约 10 年），是白炽灯的 60 倍，卤素灯的 20 倍。

无频闪，保护眼睛健康，高频 2.65MHz 激励源电路彻底解决了工频照明带来的频闪问题。不会造成眼睛疲劳。

高显色性、高亮度、低眩光。因光色接近太阳光，光线柔和、呈现被照物体的自然色；灯的功率因数大于95%；原料使用的是固体汞齐（将汞与某种金属合成在一起制成固体的汞合金），消除了对环境的污染，属绿色光源。它还能瞬间点燃（比白炽灯快，比荧光灯更快），连续调光（5%~100%）。它的主要缺点是价格贵。

B. 发光二极管-LED

半导体发光二极管是一种固体光源，能在较低的直流电压下工作，光的转换效率高，发光面很小，其发光色彩效果远超过彩色白炽灯。目前光效已超过30lm/W，实验室已开发出100lm/W的产品。

LED光源的生产可实现无汞化，被誉为21世纪的绿色照明产品。发光二极管-LED实际上是运用半导体P-n结在外电场作用下，电子和空穴产生定向运动而复合，复合时发出与材料性质有关的一定光能。因此又称为半导体灯。过去10年来，LED在颜色种类、亮度和功率等方面都发生了极大的变化。LED在城市室内外照明中已经开始发挥着传统光源无可比拟的作用。LED理论寿命长达10万小时，意味着每天工作八小时，可以使用35年。目前LED光源的实际寿命约在5万小时左右，这主要与其散热方面的问题有关。

LED光源发光面积可以很小，可以组合出成千上万种光色。经过二次光学设计，照明灯具可以达到理想的光强分布。快速发展的LED技术将为照明设计与应用带来崭新的可能性，这是许多传统光源所不可能实现的。

LED主要应用于信号显示领域（如城市交通信号灯）、建筑物航空障碍灯、航标灯、汽车信号灯、仪表背光照明等。现在，其应用越来越广泛。图2-28和图2-29是两种商品化了的LED产品。

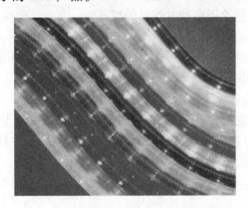 

图2-28　LED彩虹管　　　　　　　　图2-29　LED水底灯

LED是21世纪最具发展前景的高技术照明领域，是人类照明史上继白炽灯、荧光灯、高压气体放电灯的又一次飞跃。目前，LED在照明领域的使用还受到技术水准和价格的限制，白色LED还不能达到普通灯泡所具有的亮度，但是它的发展前景看好。其发光效率是否能达到100lm/W以上、单颗的输出功率能否大于10W，无疑是LED最终全面进入照明领域的关键。一旦光效、光通量和价格问题得到解决，LED将是未来照明的主体。

C. 辉光放电灯有霓虹灯等。主要用于字符、图案的强光显示及广告、招牌等，霓虹灯通常工作于高电压，因此需要配上专用的变压器。

（2）电光源选择

电光源选用的原则主要根据用途和照明设施的要求，还要考虑到其他因素，如空调房间不宜选用发热量大的白炽灯、卤钨灯；博物馆不宜采用紫外线幅射较多的光源等。

1)《标准》提出了选择光源的一般原则：

A. 细管径（≤26mm）直管形荧光灯光效高、寿命长、显色性较好，适用于高度较低的房间，如办公室、教室、会议室及仪表、电子等生产场所。

B. 商店营业厅宜用细管径（≤26mm）直管形荧光灯代替较粗管径（>26mm）荧光灯，以紧凑型荧光灯取代白炽灯，以节约能源。小功率的金属卤化物灯因其光效高、寿命长和显色性好，可用于商店照明。

C. 高大的工业厂房应采用金属卤化物灯或高压钠灯。金属卤化物灯具有光效高、寿命长等优点，因而得到普遍应用，而高压钠灯光效更高，寿命更长，价格较低，但其显色性差，可用于辨色要求不高的场所，如锻工车间、炼铁车间、材料库、成品库等。

D. 和其他高强气体放电灯相比，荧光高压汞灯光效较低，寿命也不长，显色指数也不高，故不宜采用。自镇流荧光高压汞灯光效更低，故不应采用。

E. 因白炽灯光效低和寿命短，为节约能源，一般情况下，不应采用普通照明白炽灯，如普通白炽灯泡或卤钨灯等；在特殊情况下需采用时，应采用100W及以下的白炽灯。

2）在选购电光源时，下列要点也可作为参考：

A. 合适的显色指数，室内大多数照明的 Ra 应在80以上。

B. 稳定的发光，包括考虑光源的频闪、电压波动、光通量变化指标等。

C. 良好的启动性能，特别是应急照明不能使用启动时间长的灯具。

D. 性能价格比好。

E. 《标准》极力推荐采用高光效的三基色荧光灯和低损耗的高频电子镇流器和节能型电感镇流器，在具体产品选择上要尽量使用有3C标志和有节能认证标志的节能灯。这样光效、使用寿命、安全、谐波等各项性能指标才有保障。

3）在办公室照明中应尽量采用自然光做光源，这不仅有利于节约能源和费用，更重要的是自然光明亮柔和，对人体的生理机能有良好的影响。人工光源在办公室照明中只应作为补充性的照明光源，与自然光源结合运用。

1.1.4 灯具及其选择

（1）灯具

灯具不包括光源本身，但包括用于支承和保护光源，调整配光（如灯罩等）的部件以及为点燃光源所需的辅助电器（如镇流器等）。灯具的主要功能是合理分配光源辐射的光通量，满足环境和作业的配光要求，不产生眩光和严重的光幕反射。

灯具分移动式灯具和固定式灯具两大类，还可细分：按结构特性分有吊灯、吸顶灯、落地灯、壁灯、台灯、筒灯、射灯、沐浴灯（浴霸）等；按光源分有白炽灯、荧光灯、节能灯等；按形状分有方形灯、圆形灯、椭圆形灯、烛形灯、莲花形灯、菱形灯等；按安装方式分为吊挂灯、直立灯、镶嵌灯等；按材料分为玻璃灯、水晶灯、塑料灯、纱质灯、木质框架灯等；按光通量分布分类有直接型灯具（如图2-30）、半直接型灯具（如图2-31）、漫射型灯具（如图2-32）等。

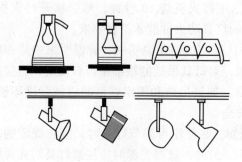

图 2-30　直接型灯具

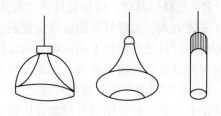

图 2-31　半直接型灯具

1) 灯具质量的基本要求

灯具质量的基本要求包括灯具的安全要求和性能要求。为了保证灯具产品的安全性，国家质检总局制定发布了强制性的灯具安全标准——GB 7000《灯具安全要求与试验》系列标准，系统地规定如下：

A. 灯具内部接线截面积应大于 $0.5mm^2$。

B. 灯具应能耐久地使用。使用荧光灯的灯具，应选用不仅在正常状态能正常工作，而且在出现灯管老化、损坏的情况下能提供异常保护的

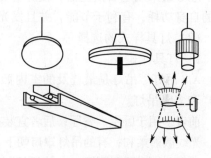

图 2-32　漫射型灯具

镇流器。使用白炽灯泡灯具的外壳、灯罩、绝缘灯座等在耐久性试验时应不烧焦、不变形。

C. 足够的爬电距离和电气间隙（两个导电零部件间沿绝缘材料表面的最短距离是爬电距离，电气间隙和爬电距离至少应有 3mm）。

D. 灯具中主要安全部件的绝缘材料应耐热、耐火。

E. 灯具应具有足够的防触电保护措施。

F. 灯具应具有合理的结构设计和完整的加工工艺。

G. 灯具的电磁干扰、谐波电流等应在标准规定的限值以内。

2) 选择合格的灯具产品

由于不合格灯具可能影响使用者人身和财产安全，因此国家质检总局将照明电器和镇流器列入了首批实施强制认证的产品目录，并且规定从 2003 年 8 月 1 日起，未通过强制认证的灯具产品，不得进行生产和销售。选择和使用灯具产品时要注意以下几点：

A. 要注意选择国内外正规厂商生产的品牌。检查说明书或外包装，一看企业是否通过了 ISO 9000 质量体系认证；二看该产品是否通过了强制性产品认证（3C 认证）。

B. 灯具的外壳应具有一定的厚度和强度。要注意检查灯具的外观质量，好的灯具产品外观精致，结构合理，没有锐边或毛刺。否则使用者在安装或更换灯管时，手可能会划破，还可能损坏导线的绝缘层，导致线路短路或灯具外壳带电。

C. 灯具的绝缘部件应选择耐热并阻燃的绝缘材料。有的灯具仅采用了一些不符合耐热和阻燃要求的热塑性材料，这些材料成本低，易于成型，但其在高温下容易变形，在耐热试验中材料失效或在阻燃试验时起火燃烧。批量购买灯具时，最好抽一个样品，将灯具

的灯座、启动器座、接线座之类绝缘部件拆下，用打火机烧 10 秒钟，然后移开打火机，若该部件不能燃烧或在 30 秒内自行熄灭，这样的灯具防火性能才符合要求。

D. 选择灯具时，应细看灯具的安装标记并认真阅读使用说明书，看说明书中是否明确了安装方式，如对灯具的安装位置是否有要求，对灯具吊链的粗细是否有规定，直接固定安装的灯具是否规定了固定螺钉的直径与长度。如果吊链和固定螺钉的机械强度不够，容易导致灯具从顶棚上掉落，危及人身或财产安全。

E. 要按说明书中的使用规则使用灯具。例如，在使用可调节灯具时，应在规定的范围内调节灯具，超范围调节可能损坏灯具的结构。另外，选择光源时应注意灯具对光源的要求及光源本身的使用要求，例如有些节能灯不能在调光灯具中使用。

F. 选择荧光灯具时应当注意所选用的镇流器。人们把镇流器比喻成荧光灯具的心脏。应尽量采用电子镇流器，使灯管在高频条件下工作，这样可提高灯管光效和降低镇流器的自身功耗，有利于节能，并且发光稳定，消除频闪和噪声，还能提高灯管的寿命。

（2）灯具样式的选择

1) 灯具样式

A. 吊灯。吊灯是最普及的室内照明灯具，吊灯用于居室的可分为单头吊灯（图2-33）和多头吊灯。

前者多用于卧室、餐厅；后者宜装在客厅里。有的吊灯有乳白灯罩，将磨砂灯泡装在罩内，光线散射柔和；有的吊灯罩口朝下，灯光直接照射于室内，显得光灿明亮；还有的吊灯罩口向上，灯光照到顶棚上，然后反射下来，如图 2-34 所示，能展现光照背景，其效果比顶棚上的吊灯来得柔和，让人觉得轻松。吊灯如果安置了调光器，会有更具弹性的效果。

图 2-33　吊灯

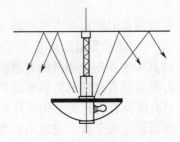

图 2-34　反射式吊灯

多头吊灯有各种花卉造型的磨砂或镂花玻璃灯罩或塑料灯罩，配灯头 3～5 盏乃至十多盏。有一层多盏和多层多盏之分。灯架有金属喷涂、镀铬及全塑制品。在大厅中用的多头吊灯不以高照度和低眩光为目的，有时甚至还要刻意产生一些闪烁的眩光，以形成奇丽多姿的效果。首选是天然水晶切磨造型吊灯，有重铅水晶吹塑吊灯、水晶玻璃坠子吊灯、水晶玻璃压铸切割造型吊灯、水晶玻璃条型吊灯、水晶玻璃分散折射多彩吊灯等。能使室内光华四射，分外富丽壮观。如图 2-35 所示。

吊灯的样式繁多，外形生动，具有闪烁感，安装暖色调电光源时，能在室内形成一个（或多个）温暖明亮的视觉中心。吊灯对空间的层高有一定的要求，若层高较低，则不适用。有一种吸顶式的花灯，能在层高不够时使用，也能有相似的效果。

B. 壁灯。壁灯是最常用的装饰灯具。根据不同要求有直接照射、间接照射、向下照射等多种形式。壁灯有投射和晕染光线的多种效果,依住宅装饰的不同材质而展现不同的风貌。它们都有牵引视线的效果,往往会让房间看起来较大一些。使用壁灯往往也是作为层高偏低(或过高)时的一种选择。尤其在住宅室内环境设计中,选择一些工艺形式新颖的壁灯能充分体现主人的修养和兴趣爱好所在。壁灯安装高度一般在视线高度的范围内。如果超过1.8m,仅能起到顶棚照射的延长作用。在比较窄的走道或其他平面尺寸相对较小的空间应慎用或不用。另外要注意,如装在涂料的墙上会因长时间照射和电热的原因而脱色。

C. 嵌顶灯。泛指装在顶棚内部灯口与顶棚持平的灯具。可选用日光灯管的形式。通常有顶棚式、檐板式、窗帘遮蔽式等多种做法。其中,顶棚式为间接照明,檐板式为直接照明,一般用于有吊顶的情况,其优点是顶棚面整齐,节省层高。针对目前住宅建筑层高偏低,大面积吊顶不合时宜,因此可用筒灯等嵌顶灯(图2-36),常用在局部装饰性吊顶中使用。

图2-35 水晶吊灯　　　　　　　　　图2-36 嵌顶式筒灯

D. 吸顶灯。是指直接吸附在顶棚上,包括各种单体的吸顶灯和一些吸顶式简易花灯,都是在住宅室内环境设计中常用来作为各功能房间主照明的灯具。值得说明的一点是如果在客厅等较大房间采用吸顶式简易花灯,在灯头较多时,宜采用分组控制的方式点亮,以利于节能节支。

E. 移动灯具。有各种台灯(图2-37),主要是作书桌上和床头的局部照明。还有放在地板上的落地式柱灯、杆灯和座灯。如果室内面积较宽裕,结合一些雕塑造型,装饰效果明显。

2)照明灯具应用中应考虑的问题

A. 照明灯具样式的选择,应适合空间的尺度和形状,并能符合空间的用途和性格,灯具的大小要与空间的大小相匹配。

住宅照明以选用小功率灯具为主。灯具造型应与环境相协调,同时注意体现民族风格、地方特点以及个人爱好,体现照明设计的表现力。

B. 关于光健康问题

有人提出"光健康"的概念，这是从使用场所的功能要求和人们的心理需要出发，对光源和灯具进行合理选用的一种科学的照明方式。选用灯具和光源时不能忽视合理的采光需要，把灯光设计成五颜六色，片面追求浪漫和豪华。五颜六色的灯光除对人视力危害甚大外，还会干扰大脑中枢高级神经的功能。光污染对婴幼儿及儿童影响更大，较强的光线会削弱婴幼儿的视力，影响儿童的视力发育。明亮的光线可以改变大脑的内部时钟，而此时钟可控制人体的睡眠。有研究认为，室内照明发出的强烈光线能使不正常细胞增加，正常细胞死亡。可见过度追求照明效果的危害性。

C. 减少眩光干扰

利用灯具的保护角可以避免或减少眩光的干扰。为了衡量灯具隐蔽光源的性能，引进保护角的概念，所谓保护角是在过灯具开口面的水平线和刚能看到灯泡发光部的视线之间的夹角 β，如图2-38所示。

图2-37 台灯

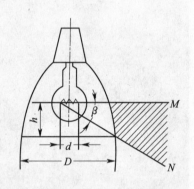

图2-38 灯具的保护角

《标准》指出，直接型灯具的遮光角不应小于表2-4的规定。

直接型灯具的最小遮光角　　　　表2-4

光源平均亮度（kcd/m²）	遮光角（°）	光源平均亮度（kcd/m²）	遮光角（°）
1~20	10	50~500	20
20~50	15	≥500	30

当仰视角（指水平线与视线之间的夹角）小于灯具保护角时，看不到直接发光体。从防眩的角度看，希望灯具的保护角大。通过灯具自身的设计来增大保护角是可行的，但这样往往会使灯具的灯罩变得很深，使照明的均匀性变差。更好的解决办法是采用一些遮光器件，附加到灯具上去，从而达到增大灯具保护角、减少眩光的目的。图2-39画出了三种常用的遮光器。遮光器的网格越密、厚度越大，则保护角越大，但相应地光损失也增大，因此必须综合考虑。带有遮光器的荧光灯具参见图2-40。作为产品，图2-41所示的具有蝙蝠翼配光曲线的TBS系列荧光灯具能有效防止眩光干扰。

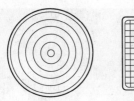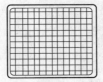

图 2-39　常见的遮光器

图 2-40　带有遮光器的荧光灯具

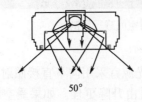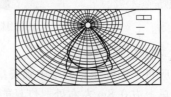

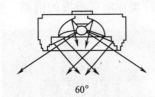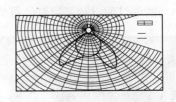

图 2-41　具有蝙蝠翼配光曲线的无眩光 TBS 系列荧光灯具

D. 家庭照明中灯具样式的选择

（A）客厅：烘托家庭焦点

客厅中的活动很多，是家庭的焦点部位，主要包括会客、聊天、听音乐、看电视与阅读等。

亲朋好友相聚，以看清客人的表情为宜，一般采用顶部照明。如果室内高度比较矮（2.6m左右）建议选用吸顶灯，如果客厅高大，可选用吊灯。听音乐、看电视时，以柔和的效果为佳，建议采用落地灯与台灯做局部照明，在电视机后方安置一盏台灯或利用灯投射在电视机后方的光线，以减轻视觉的明暗反差。享受读书的乐趣时，能提供集中、柔和的光线并易于调节高度和角度的落地灯或台灯，都是不错的选择。客厅中的各种挂画、盆景、雕塑以及收集的艺术品等用卤素光源轨道灯或石英灯照明，以强调细部和趣味点，突出品位与个性。

室内设计强调的重点是空间的塑造，使用"隔断"就成为室内设计师们最常见的一种塑造内部空间的手法。"隔断"和墙有一定的区别，它在限定空间的同时又不完全割裂空间，从而使家居内空间的各个功能区域既各就各位，又相互交流，呈现出整体空间的一致性。一般做隔断，或用"实墙"、"虚墙"，或用具有"隔断"功能的家具，而用灯光做隔断，则是一种难度很高，却是当代最时髦的一种"隔断"手法，参见图 2-42。

图 2-42　客厅运用灯光对空间进行切割

(B) 餐厅：增添用餐情趣

餐厅的照明应将人们的注意力集中到餐桌，光源宜采用向下直接照射配光的暖色调吊线灯，安装在餐桌上方 0.8m 左右处，灯具能够自由升降更佳。如果受空间所限，餐桌位于墙边，采用小巧的壁灯配以顶部筒灯，可为餐厅增添温馨浪漫的情调，参见图 2-43。

图 2-43　餐厅

(C) 卧室：营造宁静气氛

卧室的照明配置要以宁静、温馨为纲，而渲染这种气氛的使命应该落实在卧室主灯上。卧室主灯，要与整个卧室空间的装饰风格一致。

如果选用的家具造型比较简洁，就不要采用款型复杂的水晶吊灯。但如果摆放了西式的古典卧室家具，那一只简简单单的吸顶灯就显得很"单薄"了。一般我们可用一盏吸顶灯作为主光源，设置壁灯、小型射灯或者发光灯槽、筒灯等作为装饰性或重点性照明，以降低室内光线的明暗反差。

卧室的局部照明，有床头阅读照明和梳妆照明。如果我们有在床上看书的习惯，建议在床头直接安放一个可调光型的台灯，如图2-44所示。

图2-44 卧室的台灯

（D）厨卫：利于家务需要

厨房灯具的选择应以功能性为主。顶部中央装置嵌入式吸顶灯具或防水防尘的吸顶灯，以突出厨房的明净感。在做精细复杂的家务，如配菜、做菜时最好在工作区设置局部照明灯具，如在吊柜的下方安装天花射灯或荧光灯管，有些抽油烟机自带有照明灯具。注意选用的灯具应该防水防尘，安全且易于清洁。

洗手间与浴室中安装的主照明灯具可以是防水防尘的吸顶灯或嵌灯，光源色温应选择冷色调。镜前灯要有能防水、可调角度，方便洗漱及化妆。

利用不同材料的光学特性，如透明、不透明、半透明以及不同表面质地制成各种各样的照明设备和照明装置，重新分配照度和亮度，根据不同的需要来改变光的发射方向和性能。例如利用光亮的电镀反射罩、聚光灯作为定向照明用于雕塑、绘画，利用经过酸蚀刻或喷砂处理成的毛玻璃或塑料灯罩，使形成漫射光来增加室内柔和的光线。

直射光、反射光、漫射光和透射光，在室内照明中具有不同用处。在一个房间内如果有过多的明亮点，不但互相干扰，而且造成能源的浪费；如果漫射光过多，也会由于缺乏对比而造成室内气氛平淡。

课题2 人工照明

2.1 照度标准

2.1.1 照度的国家标准

照度的现行国家标准是中华人民共和国建设部第247号公告发布施行的《建筑照明设计标准》（GB 50034—2004），施行起始日期是2004年12月1日。该《标准》适用于新建、改建和扩建的居住、公共和工业建筑的照明设计。

下面仅列举学校、办公、展览馆展厅、商务、家居等五种代表性场所的照度标准值，其他照度标准值学员可以自行查阅《标准》。

（1）学校建筑照明标准值见表2-5：

学校建筑照明标准　　　　　　　　　　　　　　　表 2-5

房间或场所	参考平面及其高度	照度标准值（lx）	UGB	Ra
教室	课桌面	300	19	80
实验室	实验桌面	300	19	80
美术教室	桌面	500	19	90
多媒体教室	0.75m 水平面	300	19	80
教室黑板	黑板面	500	—	80

（2）办公建筑照明标准值见表 2-6：

办公建筑照明标准值　　　　　　　　　　　　　　表 2-6

房间或场所	参考平面及其高度	照度标准值（lx）	UGB	Ra
普通办公室	0.75m 水平面	300	19	80
高档办公室	0.75m 水平面	500	19	80
会议室	0.75m 水平面	300	19	80
接待室、前台	0.75m 水平面	300	—	80
营业厅	0.75m 水平面	300	22	80
设计室	实际工作面	500	19	80
文件整理、复印、发行室	0.75m 水平面	300	—	80
资料、档案室	0.75m 水平面	200	—	80

（3）展览馆展厅照明标准值见表 2-7：

展览馆展厅照明标准值　　　　　　　　　　　　　表 2-7

房间或场所	参考平面及其高度	照度标准值（lx）	UGB	Ra
一般展厅	地面	200	22	80
高档展厅	地面	300	22	80

注：高于 6m 的展厅 Ra 可降低到 60。

（4）商业建筑照明标准值见表 2-8：

商业建筑照明标准值　　　　　　　　　　　　　　表 2-8

房间或场所	参考平面及其高度	照度标准值（lx）	UGB	Ra
一般商店营业厅	0.75m 水平面	300	22	80
高档商店营业厅	0.75m 水平面	500	22	80
一般超市营业厅	0.75m 水平面	300	22	80
商档超市营业厅	0.75m 水平面	500	22	80
收款台	台面	500	—	80

(5) 居住建筑照明标准值见表2-9：

居住建筑照明标准值 表2-9

房间或场所		参考平面及其高度	照度标准值（lx）	Ra
起居室	一般活动	0.75m 水平面	100	80
	书写、阅读		300*	
卧室	一般活动	0.75m 水平面	75	80
	床头、阅读		150*	
餐厅		0.75m 餐桌面	150	80
厨房	一般活动	0.75m 水平面	100	80
	操作台	台面	150*	
卫生间		0.75m 水平面	100	80

注：* 宜用混合照明。

2.1.2 照度的国内、国际标准比较

在《标准》的"设计标准条文说明"中，列举了大量的调查研究后取得的数值，并对照了不少国家的照度标准值，现将部分文字说明摘录如下：

(1) 教室

教室的实测照度多数在200~300lx之间，平均照度为232lx，实际照度和设计照度均较低，国标GBJ 99—86为150lx。而CIE标准规定普通教室为300lx，夜间使用的教室，如成人教育教室等，照度为500lx。美国为500lx，德国与CIE标准相同，日本教室为200~750lx。本标准参照CIE标准的规定，教室定为300lx，包括夜间使用的教室。

(2) 办公室

办公室分普通和高档两类，分别制订照度标准，这样做比较适应我国不同建筑等级以及不同地区差别的需要。根据调研结果，办公室的平均照度多数在200~400lx之间，平均照度为429lx，而原标准高档为200lx。从目前我国实际情况看，原标准值明显偏低，需提高照度标准。CIE、美国、日本、德国办公室照度均为500lx，只有俄罗斯为300lx，根据我国情况，本标准将普通办公室定为300lx，高档办公室定为500lx。

(3) 展览馆展厅

展厅照明标准，主要是参考日本、俄罗斯的照度标准制订的。根据不同建筑等级以及不同地区的差别，将展厅分为一般和高档两类。一般展厅定为200lx，而高档展厅定为300lx。

(4) 商业建筑

由于商业建筑等级和地区的不同，将商店分为一般和高档两类，比较符合中国的实际情况。重点调研结果是多数商店照度均大于500lx，平均照度达678lx，因为调研的商店均为大型高档商店，而普查的照度多数小于500lx。CIE标准将营业厅按大小分类，大营业厅照度为500lx，小营业厅为300lx，而美、德、俄等国均为300lx，日本稍高，达500~750lx。据此，本标准将一般商店营业厅定为300lx，高档商店营业厅定为500lx。

(5) 家居

1) 根据实测调研结果，绝大多数起居室，在灯全开时，照度在100~200lx之间，平

均照度可达152lx，而原标准一般活动为20～30～50lx，照度太低，美国标准又太高，日本最低，只有75lx，俄罗斯为100lx，根据我国实际情况，本标准定为100lx。而起居室的书写、阅读，参照美、日和原标准，本标准定为300lx，这可用混合照明来达到。

2）根据实测调研结果，绝大多数卧室的照度在100lx以下，平均照度为71lx，美国标准太高，日本标准一般活动太低，阅读太高，俄罗斯为100lx。根据我国实际情况，卧室的一般活动照度略低于起居室，取75lx为宜。床头阅读比起居室的书写阅读降低，取150lx。一般活动照明由一般照明来达到，床头阅读照明可由混合照明来达到。

3）原标准的餐厅照度太低，最高只有50lx，美国较低，而日本在200～500lx之间，根据我国的实测调查结果，多数在100lx左右，本标准定为150lx。

4）目前我国的厨房照明较暗，大多数只设一般照明，操作台未设局部照明。根据实际调研结果，一般活动多数在100lx以下，平均照度为93lx，而国外多在100～300lx之间，根据我国实际情况，本标准定为100lx。而国外在操作台上的照度均较高，在200～500lx之间，这是为了操作安全和便于识别之故。本标准根据我国实际情况，定为150lx，可由混合照明来达到。

5）原标准的卫生间一般照明照度太低，最高只有20lx，而国外标准在50～150lx之间，根据调查结果，多数为100lx左右，平均照度为121lx，故本标准定为100lx。至于洗脸、化妆、刮脸，可用镜前灯照明，照度可在200～500lx之间。

6）显色指数（Ra）值是参照CIE标准《室内工作场所照明》S008/E——2001制订的，符合我国经济发展和生活水平提高的需要，同时，当前光源产品也具备这种条件。

从上述条文说明可见，我国各种场所照明标准值，正在向发达国家标准靠拢。

2.1.3 照度标准选择

（1）照度标准分级

《标准》规定，照度标准值应按0.5、1、3、5、10、15、20、30、50、75、100、150、200、300、500、750、1000、1500、2000、3000、5000lx分级。

照明作为附着于建筑内部空间的客观实体，对人的生理感受及心理效应不容忽视。照度通过人的视觉感知，会对居住者产生生理感受和心理效应。因此，照度标准的选择必须从使用者的生理的心理需要出发，做到合理选择，科学布置。照度太低，会损害工作人员的视力，影响产品质量和生产效率。不合理的高照度则会产生光污染还浪费能源。选择照度必须与所进行的视觉工作相适应。设计照明可按国家颁布的照明设计标准来选择照度，必要的照度值和优良的照明质量形成的光环境可以提高工作效果和改进人们的心情。

《标准》规定的照度值均为作业面或参考平面上的维持平均照度值。各类房间或场所的维持平均照度值应符合《标准》的有关规定。

（2）符合下列条件之一及以上时，作业面或参考平面的照度，可按照度标准值分级提高一级。

1）视觉要求高的精细作业场所，眼睛至识别对象的距离大于500mm时；

2）连续长时间紧张的视觉作业，对视觉器官有不良影响时；

3）识别移动对象，要求识别时间短促而辨认困难时；

4）视觉作业对操作安全有重要影响时；

5）识别对象亮度对比小于0.3时；

6）作业精度要求较高，且产生差错会造成很大损失时；

7）视觉能力低于正常能力时；

8）建筑等级和功能要求高时。

（3）符合下列条件之一及以上时，作业面或参考平面的照度，可按照度标准值分级降低一级。

1）进行很短时间的作业时；

2）作业精度或速度无关紧要时；

3）建筑等级和功能要求较低时。

作业面邻近周围的照度可低于作业面照度，但不宜低于表 2-10 的数值。

作业面邻近周围的照度　　　　　　　　表 2-10

作业面照度（lx）	作业面邻近周围照度值（lx）
≥750	500
500	300
300	200
≤200	与作业面照度相同

注：邻近周围指作业面外 0.5m 范围之内。

当前民用建筑电气照明设计中能标注照度标准值并进行照度计算的是比较少见的，绝大多数是按房屋大小及功能凭经验布灯。且大多比国家规定的照度标准要降低不少，影响使用功能。例如，有些学校实验室和教室达到的照度值仅为 50～70lx，不及国家标准（300lx）的 1/4；有些办公大楼中办公室及会议室设计照度仅达 70～80lx，计算机房仅达约 100lx 左右。比国家规定照度标准值（分别为 300lx 及 500lx）少很多。我国 1990 年 5 月就发布了《民用建筑照明设计标准》，2004 年 12 月 1 日起《建筑照明设计标准》（GB 50034—2004），开始施行。由于我国幅员辽阔，各地区经济条件差别较大，民族习惯不同，因此在选用照度标准时应在规范推荐的高、中、低值中确定合理的标准，对标准值的确定可以掌握适度，《标准》中除了对公共建筑和工业建筑的照明功率密度值规定为强制性条文外，其他均不是强制性条文。对居住建筑照明标准值，《标准》用了"宜符合"字样，对于其他建筑照明标准值，《标准》均用了"应符合"字样。当然，如果条件许可，在选用照度标准时应首选规定的标准值。

例如，办公室、会议室标准照度值分别为 300lx 至 500lx，是指 0.75m 水平面的照度值；设计室、绘图室照度值为 500lx，是指实际工作面的照度值。也就是说对于设计室、绘图室从节能的角度照明设计可以考虑两种照明：一般照明和局部照明，在工作面上它们的照度之和能满足标准要求。

又例如智能建筑设计，它主要适用于办公建筑，规定视觉照明环境的水平面照度，分别不小于 500、400、300lx；但智能建筑中并不是所有用房都有这么高的视觉要求，应根据不同用途确定照度标准，况且 500、400、300lx 还是指实际工作面的照度值。

此外，照度标准选择还会随时间而变化，随着我国经济的不断发展，人民生活水平的不断提高，人们一定会享受到更为良好的照明条件。

2.2 室内人工照明设计

在装饰设计中总的装饰效果是一个构想。先由结构施工完成"硬件"设施，搭起架子，再由照明、电气施工完成"软件"设施，将电、光、热、声融入环境，赋予这些钢筋混凝土以人情味，让它们有了温暖，能够呼吸。室内人工照明设计应该是利用室内平面和空间的构成，配合室内陈设，采取人工照明为主要手段，通过透视、错觉、光影、反射和色彩变化等创造出预期的格调和气氛。

2.2.1 照明设计步骤

(1) 了解情况和收集资料

1) 确认建筑物的用途。例如：是教室还是办公室、店铺等，根据建筑物的用途，作明确的设定。设施如有多种用途，如在体育馆举行综艺节目，在餐厅举行演讲会等，可以安装可变化的照明设备。

2) 收集建筑物平剖面布置及结构形式的资料，还要收集供电电源的容量、进线位置等资料，在充分理解这些资料的基础上，进行光源和灯具选择、灯具布置、线路敷设的构想。

3) 对易爆炸、易引起火灾、潮湿、有腐蚀气体等的场所，则应了解其浓度情况，确定危险等级，并按相应的规范要求进行照明设计。

4) 尽可能与建筑设计师、土建工程师进行协商，从而使照明设计更合理。

5) 与相关施工队事先进行充分协调，防止发生矛盾。

(2) 光照设计

1) 确定照度：照明设计应根据国家照明标准，达到规定的照度。

2) 确定照明方式及照明种类：根据建筑物的功能及使用要求确定合适的照明方式，配置完善的照明种类。

3) 选择光源：根据使用场所对照度、光色、显色性等的要求选择合适的光源。例如，若室内装饰色调是以红、黄等暖色调为主，则应选择色温较低的光源，再配合一定形式的花灯，会产生迷离的散射光线，增加温暖华丽的气氛。

4) 选择灯具：按照照明方式、照明种类、光源种类、悬挂高度、照度要求、室内装饰的色彩对配光和光色的要求等因素选择合适的灯具。

5) 首先确定普通照明方案，取得一定的照度，要能够满足室内活动的基本要求。然后针对局部不同的功能要求，选择各种照度和光色以及灯具形式的局部照明。要结合建筑物平面布置及柱、梁的位置并考虑与公用设施的协调，进行有规则的布灯。光的照射要利于表现室内结构的轮廓、空间、层次以及室内陈设的形象。

6) 计算照度：按照最后确定的总体布灯方案，验算室内的照度值。

(3) 照明电气设计

1) 确定配电系统和照明控制方案，设置各种电气插座。近年来随着各种家用电器层出不穷，对于插座的设置要留有一定的富裕度。按照规定在室内的任何地方距墙壁插座的距离都不超过1.5m，这是根据家用电器的附带电源线一般为1.5m左右长而定的。

2) 计算各支线和支干线的计算电流。总开关是根据用电器的总功率来选择的。而总功率是各分路功能之和的0.8倍，即总功率

$$P_{总} = (P_1 + P_2 + P_3 + \cdots\cdots + P_n) \times 0.8(kW) \tag{2-15}$$

总开关承受的电流应为

$$I_{总} = P_{总} \times 4.5(A) \tag{2-16}$$

其中 $P_{总}$——总功率（kW）；

  P_1、P_2、P_3、……、P_n——分路功率；

         $I_{总}$——总电流（A）。

同样，分路开关的承受电流为

$$I_{i分} = 0.8 P_i \times 4.5(A) \tag{2-17}$$

3) 选定导线型号和截面，通常应查阅有关的手册。如国际电工委员会建筑物电气装置第五部分的第523节载流量，标准号为 IEC 60364—5—523 1983 年

如果现场没有条件，可使用经验公式，I 以安培为单位时，经验公式为：

$$导线截面(单位为 mm^2) \approx I/4。 \tag{2-18}$$

注：式（2-18）在导线截面 $10mm^2$ 以下比较适用。

以铜芯导线为例，$1mm^2$ 截面的铜芯导线的载流量 $I \approx 4 \times 1 = 4$（A）。

【例2-4】单相电度表的电流为40A，选择导线（铜芯导线截面规格有 1、1.5、2.5、4、6、10、16、25、35mm^2）

【解】：

导线截面 $\approx I/4 = 40/4 = 10$（mm^2）

即选择 $10mm^2$ 的铜芯导线。

4) 决定穿线保护管的材质和管径。根据电线长度，必要时进行电压损失校核。

5) 根据容量选择开关、保护电器和计量装置的规格和型号。

(4) 绘制照明施工图

一般包括配电系统图、照明控制图、照明平面图、照明装置的安装图、施工安装说明等。如果在施工中有所变更，应及时落实在图纸上，以便最后装修完毕绘制电气竣工图。

2.2.2 照明设计要求及注意问题

(1) 照明的目的和要求

1) 照明目的

照明目的是给人们周围的各种对象物以适宜的光强分布，通过视觉达到正确识别对象物和确切了解本人所处的环境状况。根据目的不同，分为明视照明和环境照明。

明视照明：以工作面上的视看物为照明对象的照明称为明视照明，属照明生理学范畴。如教室、办公室、车间等处的照明。

环境照明：以周围环境为照明对象，并以舒适感为主的照明称为环境照明，属照明心理学范畴。如休息厅、宾馆客房的照明。

2) 照明要求

应该根据照明的目的来确定照明要求。下面分别以学校教室、办公室、商业、会展等不同的照明要求来说明这个问题。

A. 教室照明

目前，城市学生近视率居高不下，引发了人们对教室照明不良而诱发近视眼产生了联想。学生近视率上升，是诸多因素综合作用的结果。除原发性因素外，用眼过度疲劳是引

发近视的主要因素。在正常用眼状态下，照明条件合理与否，直接影响用眼的疲劳程度。应该根据照明要求来改善和优化教室的照明条件。

（A）《标准》规定，教室课桌面照度应为300lx，参见图2-45。照度值太低必须立即改进。另一方面，片面地追求明亮，其结果是学生书本与课桌面形成很强的反射眩光，学生感到眼睛很累。高亮度问题，还反映在朝南方向的"阳光"教室中。一般来说，太阳光在桌面、甚至黑板上的照度可达数千 lx，在这种高照度下，学生无法看清老师在黑板上的板书，造成严重的视觉疲劳。

为防止太阳光直接照在桌面上，学校南向教室必须安装窗帘。

图2-45　光照度良好的教室

（B）眩光限制

不少教室用于课桌面的照明，大多为单、双管普通支架式荧光灯具，由于灯管裸露，这对后排学生来讲是很强的直接眩光（图2-46）。因此，普通教室尽可能采用带格栅的荧光灯作为主照明，或者在教室中将靠近黑板的前二三排支架灯更换成带有格栅的荧光灯，这样可以明显地改善后排学生的视觉效果。

图2-46　灯管裸露造成很强的直接眩光

（C）《标准》规定，黑板面照度要达到500lx，因此，学校在黑板前面要用专用灯具以增加照明强度，如图2-47所示。学校一般教室的照明灯具，都应该使用三基色荧光灯（T8或T5），这不但可以比T12荧光灯亮约20%，而且显色指数大于80%，学生的视觉疲劳程度会得到改善。在学校的功能性教室里，例如美术教室，幼儿园的活动室、绘画室，展示室等场合，则可以安装高显色荧光灯，这种灯的光谱与阳光近似，被照物体的色彩鲜艳逼真，在这种光照下人眼的疲劳感会明显降低。

（D）学校的电化教室以及需要使用投影机、幻灯机、电视机的教室，则需要采用深色窗帘，遮挡阳光射入室内，以创造较低照度的环境，教室中所显示图像与背景反差合适，才能使视觉舒适。

有条件的学校应安装可调光的荧光灯灯具。这种灯具有可调光的电子式镇流器和配套的控制装置，亮度可调范围一般为10%~100%连续调光，或分段调光。这样，授课教师可以根据教学需要，用遥控的方式控制灯光的亮度。实践证明，这种教室的照明效果令人满意，这也是目前国际上正在逐步推广的照明方式。

（E）《标准》指出，长时间工作的房间，其表面反射比宜按表2-11选取。

图2-47 使用专用黑板灯增加黑板照度

长时间工作的房间表面反射比   表2-11

表面名称	反射比	表面名称	反射比
顶棚	0.6~0.9	地面	0.1~0.5
墙面	0.3~0.8	作业面	0.2~0.6

作为图示，教室内各部位光的反射比参考值如图2-48所示。

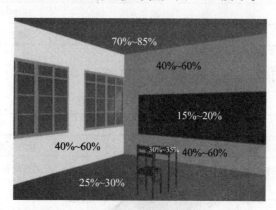

图2-48 教室内各部位光的反射比建议

B. 办公室照明：

办公建筑照明标准值与学校建筑照明标准值相近，一般办公室照明标准值与普通教室相同，都是300lx；高档办公室与和设计室照明标准值与美术教室相同，都是500lx。通常选用格栅高光效荧光灯具，如图2-49所示。

C. 商业照明

（A）商业照明的任务是：

A）提供动感的，灵活的可控制的照明来诱惑顾客进入商店。

B）提升商品的可见度和吸引力。对特定物体进行照明，强调它们，引起顾客对特殊商品的关注,使它们成为注意力的焦点。

C)提供舒适的光环境。为了吸引顾客,商场必须创造一个舒适的光环境,这样顾客购物时就会停留更长的时间,花更多的钱,并乐于一次又一次的回来消费,优质的照明能够激发情绪和感觉,进而树立商店的品牌。

D)利用设计良好的光环境,在购物区引领顾客完成购物过程,不断地传达出特定的气氛以加强购物主题。

(B)商业照明需要把握的要素

由于商店自身的复杂性,设计商业空间照明时,除了要考虑基本照度外,尚需考虑与实际的环境需求相配合的各种重点照明,两者和谐统一,方可营造出一个优秀的整体照明效果。要注意在商店中使用高显色性($Ra>80$)的光源是一个基本原则。

图 2-49　办公室照明

A)商业照明的分类如表 2-12 所示;

商业照明的分类　　　　　　　　　　　表 2-12

类　　型	举　　例	要　　求
低档商业照明	超市、零售店	简单的照明
中档商业照明	综合商店	环境照明、作业照明、重点照明
高档商业照明	时装与珠宝商店	环境光照度低,大量使用重点照明

B)各年龄层次与商业照明的关系如表 2-13 所示;

各年龄层次与商业照明　　　　　　　　表 2-13

年龄	灯光系统	展示物品及目的
学龄前儿童	漫射照明和定向照明相融合,暖色调	玩具、幻想中的小动物小精灵
少年	充满色彩的动态照明,适当的对比度,装饰效果优于功能照明	反射性材料,小型自行车,太空旅行相关的事物
青年	动态,强烈对比的定向照明,带一些色彩的功能照明	运动器材,休闲物品,艺术的浪漫的超现实主义
中年	隐蔽得很好的定向漫射照明,略带一些浪漫的色彩	五六十年代的艺术物,实用品

C)部分商品对照明的要求如表 2-14 所示;

部分商品对照明的要求　　　　　　　　表 2-14

商品分类	照　明　要　求
纺织品	均匀的垂直照度和水平照度;显色性要好,避免光照褪色
皮革(鞋)	垂直与水平照度相近,能表现出其凹凸感,立体感和质地

续表

商品分类	照 明 要 求
珠宝钟表	用窄光束投射，背景暗，对比度可达到1:50，注重效果
陶瓷	用定向照明突出其质地，要避免强烈的对比和阴影
糖果糕点	要表现出色彩和新鲜感，以引起食欲。温暖、和谐、轻松、愉快的背景可用接近肤色的滤色光来增加自然的暖色
肉类瓜果蔬菜	背景要暗，肉红色、黄色等深色物品用3300K左右的暖色光，绿色等浅色物品用4500～5500K的冷白色灯光。
重点照明（陈列柜和橱窗照明）	合理的重点照明可以营造出多种对比效果，强调商品的形状、质地和颜色，提升商品可见度和吸引力，吸引更多的眼球
环境照明	营造舒适的光环境，表达空间的各种情绪

D）《标准》规定，商店营业厅宜采用细管径直管形荧光灯、紧凑型荧光灯或小功率的金属卤化物灯，商业照明的常用灯具可参见表2-15。

商业照明的常用灯具　　　　　　　　　　　　　　表2-15

常用灯具	光 源	备 注
嵌入式格栅灯盘 L×W=598×598	T8荧光灯（高显色）3×20W	基础照明
	3×36W PL节能灯管（高显色）	
嵌入式筒灯 φ200	2×PLC 18W节能灯	基础照明
	MHN-TD 70W 双端金卤灯	
射灯、路轨射灯	卤钨灯	重点照明

表2-15中金属卤化物灯（图2-50）在国内外大型商场中已经作为一般照明的高效节能光源；路轨射灯常作为重点照明的常用灯具，参见图2-51。

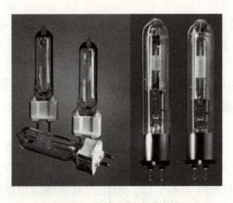

图2-50　单端金属卤化物灯

图2-51　路轨射灯

（C）商业照明案例1

这是一个零售店的照明案例（图2-52），显示了如何在吸引顾客注意力和节能照明之间达成和谐。

该商店是一个敞开式橱窗的商店，销售的是夹心巧克力。其照明和控制特征：

A）抛物线反射器格栅为整体的商店提供了一般照明。

B）轨道式射灯为商品打上了光斑；

C）来自档板的柔和明亮的彩色反射光使人感觉到漆面墙十分愉悦。

（D）商业照明案例2

图2-53是另一个商业照明的例子。

图2-52 零售店的照明

图2-53 服装店照明设计

该服装店普通照明采用的是节能型筒灯，商场中央是一个强大的高压气体光源，四角处采用了体积较小、亮度较大的吊灯。在商品品牌处用了大功率射灯（参见图2-53中左侧）。

D. 会展照明

会展照明由普通照明、应急照明、疏散指示照明和局部装饰照明几部分组成，一般可按以下方法处理：

（A）普通照明其照度应满足展厅的基本要求。普通展厅为200lx，高档展厅为300lx。

（B）光源选择：普通照明可选择荧光灯，展厅对光源的显色性有较高要求的，可采用显色性较好的金属卤化物灯。

（C）灯具的布置方式：为了使被照场地的灯光尽可能均匀，灯具可采用按柱网均匀布置的方式。当然也可以创新，例如，香港数码展馆奇特地运用0和1型荧光灯管组成灯具布置。如图2-54所示。

（D）应急照明：展厅内每个柱网可设高效节能灯作为应急照明。应急照明电源可采用集中型EPS电源装置。这是一种最近几年逐渐流行的新型电源装置，其工作特性类似UPS电源，所不同的是，EPS电源装置在市电有电时并不工作，输出的电源还是市电。当市电停电后，经过短暂的切换，由EPS输出应急电源。

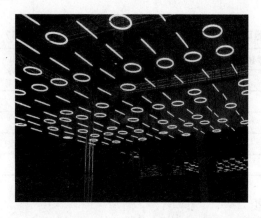 

图2-54 香港数码展馆用0和1组成的灯具布置

（E）疏散指示照明：大空间的展厅可能没有固定的展位和疏散走道，因此，疏散指示灯所指示的方向尽量与实际的疏散方向相一致。也可把疏散指示灯安装在柱子上，当顶棚不太高时，最好吊在顶棚上。安装高度要适当，以免灯具受到展位的遮挡。

（F）展厅的局部装饰照明由于没有明确的照明对象，因此可在展厅的适当位置预留局部照明配电箱。当举办各种展览需要临时电源时，可以从预留的配电箱取得电源。配电箱的预留数量按2个柱子1台配电箱考虑，这样临时电源的最大引接距离不会太大，使用较为方便。

（2）照明设计中应注意的问题

1）采光和照明设计，是建筑构思的组成部分，人工照明与日光具有同等重要的意义。为减少能源的消耗，应将工作区域的自然采光和人工照明相结合。

2）《标准》对公共场所的照明功率密度值作了强制性条文规定，因此必须严格执行（《标准》第6.1.2、6.1.3、6.1.4、6.1.5、6.1.6和6.1.7条）。表2-16～表2-18列出了《标准》对部分场所照明功率密度值的限制规定，设计人员应根据照明质量要求和能耗要求合理选择光源。

表2-16：办公建筑照明功率密度值

办公建筑照明功率密度值　　　　　表2-16

房间或场所	照明功率密度（W/m²）		对应照度值（lx）
	现行值	目标值	
普通办公室	11	9	300
高档办公室、设计室	18	15	500
会议室	11	9	300
营业厅	13	11	300
文件整理、复印、发行室	11	9	300
档案室	8	7	200

表 2-17：学校建筑照明功率密度值

学校建筑照明功率密度值　　　　　　　　　表 2-17

房间或场所	照明功率密度（W/m²）		对应照度值（lx）
	现行值	目标值	
教室、阅览室	11	9	300
实验室	11	9	300
美术教室	18	15	500
多媒体教室	11	9	300

表 2-18：居住建筑每户照明功率密度值

居住建筑每户照明功率密度值　　　　　　　　表 2-18

房间或场所	照明功率密度（W/m²）		对应照度值（lx）
	现行值	目标值	
起居室			100
卧室			75
餐厅	7	6	150
厨房			100
卫生间			100

因白炽灯光效低和寿命短，为节约能源，一般情况下，不应采用普通照明白炽灯，如普通白炽灯泡或卤钨灯等；在特殊情况下需采用时，应采用100W及以下的白炽灯。

可使用白炽灯的场所：

A. 要求瞬时启动和连续调光的场所。除了白炽灯，其他光源要做到瞬时启动和连续调光较困难，成本较高。

B. 防止电磁干扰要求严格的场所。因为气体放电灯有高次谐波，会产生电磁干扰。

C. 开关灯频繁的场所。因为气体放电灯开关频繁时会缩短寿命。

D. 照度要求不高、点燃时间短的场所。因为在这种场所使用白炽灯也不会造成大量电耗。

E. 对装饰有特殊要求的场所。如使用紧凑型荧光灯不合适时，可以采用白炽灯。

同类照明器具中要尽量采用节能的电光源器件。电子变压器和电子镇流器可减少能源的消耗，并使光源的寿命得以提高，应尽量采用。

3）直接照明比间接照明灯具效率高，吸顶安装比嵌入安装灯具效率高，还要注意灯具遮光材料的透射率及老化问题，应选择合理的安装方式以保证照度并节约用电。

4）在布置照明器时，应该考虑到功能性和建筑设计上的要求。安全照明非常重要，如灯具坠落、用电安全等，应根据需要研究和落实安全措施。根据照明场所的环境条件，可分别选用下列灯具：

A. 在潮湿的场所，应采用相应防护等级的防水灯具或带防水灯头的开敞式灯具；

B. 在有腐蚀性气体或蒸汽的场所，宜采用防腐蚀密闭式灯具。若采用开敞式灯具，各部分应有防腐蚀或防水措施；

C. 在高温场所，宜采用散热性能好、耐高温的灯具；

D. 在有尘埃的场所，应按防尘的相应防护等级选择适宜的灯具；

E. 在装有锻锤、大型桥式吊车等振动、摆动较大场所使用的灯具，应有防振和防脱落措施；

F. 在易受机械损伤、光源自行脱落可能造成人员伤害或财物损失的场所使用的灯具，应有防护措施；

G. 在有爆炸或火灾危险场所使用的灯具，应符合国家现行相关标准和规范的有关规定；

H. 在有洁净要求的场所，应采用不易积尘、易于擦拭的洁净灯具；

I. 在需防止紫外线照射的场所，应采用隔紫外线灯具或无紫外线光源。

评判照明质量的重要因素，是其功能完备、视觉舒适以及最佳照明效率的组合。还要注意灯具的防护和维修方便的问题。

5）照明控制。照明灯具的控制从一次控制动作所控制的灯具数量规模上分，可以分为单灯（数灯）控制和支路整体甚至几个回路同时控制两种情况，后者一般在较大空间室内或室外使用，通常借助接触器来实行。

如果从同一灯具（或一批灯具）控制位置的情况划分，又分为单控、双控和多控三种。可分别采用单极开关、双控开关和多控开关。这在家庭室内环境设计中经常用到，尤其是对于走廊、门厅卫生间、楼梯间和其他需要多控点控制的照明灯具可以在门厅入口处、客厅沙发附近、卧室床头附近分别设置开关对相关灯具实现多点控制。这样既利于节能，又能给使用者带来方便。用作多控的电原理图参见图2-6。此外，为了方便，有些人还为灯具配备了遥控器或采用定时开关、声控开关等。

6）五年、十年后或更远的将来会在住宅中应用哪些新技术、新产品，现在是难以预测的，因此建议预留一些电源插座、电视和电话出线口；在考虑范围较大场所的照明布线时要预见到场所的不同功能，在进户混凝土墙、户内混凝土墙上预留一些过墙管，以免以后改动时对装修造成破坏。

2.3 室内照度计算

照度计算的目的是根据所需的照度值和其他一些已知条件（如灯的位置、灯具类型、房间墙面情况等）来决定各种灯泡的数量和灯的功率。当然也可以反过来，在灯具布置方案已经确定的情况下，计算空间某一给定点的照度值。

照度计算的基本方法有两类，第一类是逐点照度计算法，用它进行照度计算的基本依据是平方反比定律、余弦定律和光能叠加原理，这是一种基本的方法。前面我们已经通过点光源的例子，算出受照面上某一点的照度。实际情况下，光源并不都是点光源，可能是线光源、面光源，如果再加上灯具的反射、透射作用后，问题将会很复杂。因此，这类计算虽然相对准确，却要进行比较繁琐的查表和运算。

照度计算的第二类方法是平均照度计算法，也称光通量法。它是按房间被照面所得到的光通量除以被照面积而得出平均照度的计算方法。又可分为利用系数法和单位容量法两种。

2.3.1 利用系数法

所谓"利用系数"是指直接照射和经各种表面相互反射后照射到某平面上的光通量

与全部照明器发出的总光通量之比,因此平均照度的计算就归结为利用系数的计算。采用利用系数法也可以得到较为准确的结果。

按定义,利用系数 U 的表示式为

$$U = \frac{\phi'}{\phi} \quad (2\text{-}19)$$

式中 ϕ——单只照明光源的总光通量(lm);

ϕ'——由单只照明光源发出,最后照射到某平面上的光通量(lm)。

因此,被照平面上平面照度的计算式为

$$E_{av} = \frac{N\phi'M}{A} = \frac{N\phi UM}{A} \quad (2\text{-}20)$$

式中 N——照明器数量;

ϕ——每个照明器的光通量(lm);

M——总光损失因数;

A——房间平面面积,即长×宽(m^2)。

(1)利用系数的确定

对于利用系数的计算,各国曾提出过各种不同的方法。现在基本上采用美国的"带域空腔法"。对于利用系数的详细计算,需要大量的图表,是比较复杂的。下面介绍如何根据某些参数来确定利用系数。

与利用系数有关的术语

1)空间系数

如图 2-55 为室空间示意图,将一个矩形房间以灯具开口水平面、工作水平面为分界面,将房间空间分为三部分:顶棚空间、室空间和地板空间,然后定义相应的空间系数:

室空间系数:

$$RCR = \frac{5h_{rc}(l + w)}{l \cdot w}$$

顶棚空间系数

$$CCR = \frac{5h_{cc}(l + w)}{l \cdot w}$$

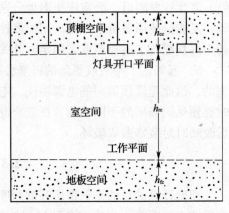

图 2-55 室空间示意图

地板空间系数

$$FCR = \frac{5h_{fc}(l + w)}{l \cdot w}$$

式中 l——室长(m);

w——室宽(m);

h_{rc}——室空间高(m);

h_{cc}——顶棚空间高(m);

h_{fc}——地板空间高(m)。

上述室空间的划分适合于装有吊挂式灯具的房间。对于装有吸顶式或嵌入式灯具的房间,则无顶棚空间。

2) 有效空间反射比　光源发射的光投射到顶棚空间和地板空间后，在空间内经多次反射，部分被吸收，部分又被射回空间。为简化计算，把灯具开口平面看作假想平面，它具有的反射比称为有效空间反射比。这样，光在假想平面上的反射情况与实际光从顶棚空间反射出来的情况等效。同样，地板空间也用具有有效空间反射比的假想平板来代替。有效空间反射比 ρ_c 可按式（2-21）计算：

$$\rho_c = \frac{\rho A_0}{A_s - \rho A_s + \rho A_0} \tag{2-21}$$

式中　A_0——顶棚（或地板）平面面积（m^2）；

A_s——顶棚（或地板）空间内总的表面面积（m^2）；

ρ——顶棚（或地板）空间各表面的平均反射比，它可按式（2-22）计算

$$\rho = \frac{\sum \rho_i \cdot A_i}{\sum A_i} \tag{2-22}$$

式中　ρ_i——空间内各表面的反射比；

A_i——空间内各表面的面积（m^2）。

通常，由于地板上放置的物体较多且多变，因此反射情况也随之变化，使有效空间反射比的计算难以准确。况且，由于地板颜色较深，地板空间有效反射比对利用系数的修正影响很小。只有当房间的高度低，而地面反射较强时，地板空间的反射才对利用系数有较大的影响。

当顶棚上装有吸顶式或嵌入式灯具时无顶棚空间，此时所谓的顶棚有效空间反射比即为顶棚的反射比。

3) 墙面的平均反射比

通常，将墙看作均匀的漫射表面，用平均反射比来表示它的反射情况。平均反射（ρ_{wa}）的计算式为

$$\rho_{wa} = \frac{\rho_w(A_w - A_g) + \rho_g A_g}{A_w} \tag{2-23}$$

式中　A_w——墙（含窗）的总面积；

A_g——窗的总面积（m^2）；

ρ_w、ρ_g——分别为墙和窗的反射比（%）。

表 2-19 列出了用于墙面、地面和顶棚表面的各种常用建筑材料的反射比，供设计计算时选用。

常用建筑材料的反射比表　　表 2-19

名　称	反　射　比（%）
抹灰并用大白粉刷	70~80
砖墙或混凝土屋面板喷白（石灰、大白）	50~60
墙或顶棚用水泥砂浆抹面	30
混凝土屋面板	30
红砖墙	30
灰砖墙	20

续表

名　　称		反　射　比（%）
瓷釉面砖	白　色	75~80
	粉　色	60~70
	乳　黄	83
	浅　黄	80
	中黄色	72
	天蓝色	55
水磨石	白　色	69
	白间黑	65
	白间绿	50~57
	白间赭	38
	白间蓝	45~49
大理石	艾叶青	32~35
	墨　玉	8
	紫豆瓣	13
	灰白螺丝转	21~17
	桃　红	31~33
	雪　花	60~62
淡黄粉刷		35~67
混凝土地面		20
菱苦土（紫红色）		14~15
菱苦土（黄色）		10~20
沥青地面		11~12
钢板地面		10~30
铸铁地面		16
调合漆	白　色	70
	乳黄色	71
	米黄色	70
	中黄色	57
	深绿色	8
	中灰色	20
	红　色	8
塑料贴面板		
浅黄色木纹		0.36
中黄色木纹		0.30
深棕色木纹		0.12
塑料墙纸		
黄白色		0.72
蓝白色		0.61
浅粉白色		0.65

(2) 确定利用系数的方法

利用系数等于被照表面接收到照明器发出总光通量的百分比,它与室的形状、大小、各种表面的反射比以及灯具类型等有关。这里介绍如何根据已知的条件(原始数据)来确定利用系数 U。其步骤如下:

1) 根据已知条件列出原始数据;
2) 计算房间特征量(室空间系数 RCR);
3) 计算顶棚有效空间反射比 ρ_{cc};
4) 计算墙面平均反射比 ρ_{wa};
5) 确定地板有效空间反射比 ρ_{fc};通常利用系数表中的数值是按 $\rho_{fc}=20\%$ 的条件下计算的结果。当 ρ_{fc} 不是该值时,若要求较精确的计算,应对利用系数加以修正;若计算精度要求不高,则可不作修正。
6) 根据上述计算得到的 RCR、ρ_{cc}、ρ_{wa}、ρ_{fc} 数据,按所选用的灯具,由该灯具的利用系数表查得利用系数 U(数据表由生产厂家提供或查阅有关手册。通常,表上未注明 ρ_{fc} 值时,则利用系数是按 $\rho_{fc}=20\%$ 计算得到的)。当 RCR、ρ_{cc}、ρ_{wa} 值偏离表中所列数值时,可运用内插法稍加调整计算。

表2-20:灯具 YG1-1 利用系数 U ($\rho_{fc}=0.20$)

灯具 YG1-1 利用系数 U ($\rho_{fc}=0.20$) 表 2-20

名称	型号	ρ_{cc} (%)	70			50			30			0
		ρ_{wa} (%)	50	30	10	50	30	10	50	30	10	0
		RCR										
简式日光灯	YG1-1	1	0.71	0.67	0.63	0.63	0.60	0.57	0.56	0.54	0.52	0.43
		2	0.61	0.55	0.50	0.54	0.50	0.46	0.48	0.45	0.41	0.34
		3	0.53	0.46	0.41	0.47	0.42	0.38	0.42	0.38	0.34	0.28
		4	0.46	0.39	0.34	0.41	0.36	0.31	0.37	0.32	0.28	0.23
		5	0.41	0.34	0.29	0.37	0.31	0.26	0.33	0.28	0.24	0.20
		6	0.37	0.30	0.25	0.33	0.27	0.23	0.29	0.25	0.21	0.17
		7	0.33	0.26	0.21	0.30	0.24	0.20	0.26	0.22	0.18	0.14
		8	0.29	0.23	0.18	0.27	0.21	0.17	0.24	0.19	0.16	0.12
		9	0.27	0.20	0.16	0.24	0.19	0.15	0.22	0.17	0.14	0.11
		10	0.24	0.17	0.13	0.21	0.16	0.12	0.19	0.15	0.11	0.09

(3) 计算实例

【例2-5】有一教室长为 7m,宽为 6m,高为 3.6m。玻璃窗面积为 $10m^2$,其反射比为 0.09,室内其余表面的反射比见图 2-56。在离顶棚 0.5m 处均匀安装 14 只 YG1-1 型 32wT8 荧光灯,32w 荧光灯的光通量取 2600lm,课桌高度为 0.8m,设总光损失系数为 0.77。试计算课桌上的平均照度。

【解】:

(1) 列出原始数据。

见图 2-56

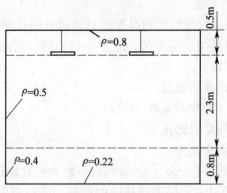

图 2-56 计算实例

（2）计算室空间系数

$$\mathrm{RCR} = \frac{5h_{\mathrm{rc}}(l+w)}{l.w} = \frac{5 \times 2.3 \times (7+6)}{7 \times 6} = 3.56$$

（3）计算顶棚有效空间反射比

$$A_0 = 6 \times 7 = 42 \ (\mathrm{m}^2)$$

$$A_\mathrm{s} = 6 \times 7 + 2 \times 0.5 \times (6+7) = 55 \ (\mathrm{m}^2)$$

$$\rho = \frac{\sum \rho_i \cdot A_i}{\sum A_i} = \frac{0.5 \times 0.5 \times (7+6) \times 2 + 0.8 \times (7 \times 6)}{0.5 \times (7+6) \times 2 + 7 \times 6} = 0.73$$

$$\rho_\mathrm{cc} = \frac{\rho \cdot A_0}{A_\mathrm{s} - \rho \cdot A_\mathrm{s} + \rho \cdot A_0} = \frac{0.73 \times 42}{55 - 0.73 \times 55 + 0.73 \times 42} = 0.67$$

（4）计算墙面平均反射比

$$\rho_\mathrm{wa} = \frac{\rho_\mathrm{w}(A_\mathrm{w} - A_\mathrm{g}) + \rho_\mathrm{g} A_\mathrm{g}}{A_\mathrm{w}} = \frac{0.5[(7+6) \times 2.3 \times 2 - 10] + 0.09 \times 10}{(7+6) \times 2.3 \times 2} = 0.43$$

（5）确定地板有效空间反射比

$$A_0 = 7 \times 6 = 42(\mathrm{m}^2)$$

$$A_\mathrm{s} = 6 \times 7 + 2 \times 0.8 \times (6+7) = 62.8(\mathrm{m}^2)$$

$$\rho = \frac{\sum \rho_i \cdot Ai}{\sum A_i} = \frac{0.4 \times 0.8 \times (7+6) \times 2 + 0.22 \times (7 \times 6)}{0.8 \times (7+6) \times 2 + 7 \times 6} = 0.28$$

$$\rho_\mathrm{fc} = \frac{\rho \cdot A_0}{A_\mathrm{s} - \rho \cdot A_\mathrm{s} + \rho \cdot A_0} = \frac{0.28 \times 42}{62.8 - 0.28 \times 62.8 + 0.28 \times 42} = 0.21$$

（6）根据上述计算得到的 RCR 等数据查表 2-20，利用内插法，求得 $U = 0.46$。

（7）计算平均照度（由已知条件，$M = 0.77$）

$$E_{av} = \frac{N\phi UM}{A} = \frac{14 \times 2600 \times 0.46 \times 0.77}{7 \times 6} = 307.0(\mathrm{lx})$$

2.3.2 单位容量法

单位容量法是从利用系数法简化而来的。当设想在光的利用和损失等因素相对固定的条件下，在知道了房间的被照面积后，就可以根据推荐的单位面积安装功率，来计算房间所需的总的电光源功率。当然这是一种更为近似的计算方法。

表2-21：荧光灯均匀照明近似单位容量值

荧光灯均匀照明近似单位容量值　　　　　表2-21

计算高度 m	E（lx） S（m²）	30W、40W（带罩）					
		50	75	100	150	200	300
2~3	10~15	4.2	6.2	8.3	12.5	16.7	25.1
	15~25	3.6	5.4	7.2	10.9	14.5	21.6
	25~50	3.1	4.8	6.4	9.5	12.7	19.1
	50~150	2.8	4.3	5.7	8.6	11.5	17.2
	150~300	2.6	3.9	5.2	7.8	10.4	15.6
	>300	2.4	3.2	4.9	7.3	9.7	14.5
3~4	10~15	6.2	9.3	12.3	18.5	24.7	36.8
	15~20	5.0	7.5	10.0	15.0	20.0	30.0
	20~30	4.2	6.2	8.3	12.5	16.7	25.1
	30~50	3.6	5.4	7.2	10.9	14.5	21.7
	50~120	3.1	4.8	6.4	9.5	12.7	19.0
	120~300	2.8	4.3	5.7	8.6	11.5	17.1
	>300	2.7	3.9	5.3	7.8	10.5	15.8

计算步骤：

（1）选择照明光源（灯具）；

根据所要达到的照度要求，查表2-21可得到这种灯具的单位面积安装容量 w；

（2）将查到的值按公式计算灯具数量。

计算公式如下：

$$\sum P = \frac{wS}{z}$$

$$N = \frac{\sum P}{P}$$

式中　$\sum P$——安装照明电器的总功率，不含镇流器消耗的功率（W）；

S——房间面积（m²）；

z——灯具的最小照度系数，由灯的距高比 L/h 决定（查表2-22）。

灯具的最小照度系数　　　　　表2-22

灯具名称	灯具型号	光源容量 W	距高比 L:h			
			0.6	0.8	1.0	1.2
			Z 值			
筒式荧光灯	YG1-1	1×40	1.34	1.34	1.31	
	YG2-1		1.35	1.35	1.33	1.28
	YG2-2	2×40	1.36	1.35	1.33	1.29

表2-22说明：表中，L为灯具的间距，h为灯具至工作面的高度。

W——单位面积安装容量（由国家规范推荐）；

P——单只灯具的功率；

N——灯具数。

【例2-6】 某房间大小为$3.3 \times 4.6 \mathrm{m}^2$，拟采用双管带罩筒式荧光灯照明，桌面离地高度为0.8m，灯具吊高3.1m，要求照度为300lx，求需要安装的灯具数量。

【解】

根据照度要求，可能需要三组灯具，由房间长度推算出L可能在1.2m左右。另据已知条件，$h=3.1-0.8=2.3$（m），现取$L/h=0.6$，房间面积：$S=3.3\times4.6=15.18$（m^2）

据平均照度为300lx，查表2-21，得单位面积安装功率为$21.6\mathrm{W/m}^2$

根据距高比为0.6，查表2-22，取z值为1.36

$$\sum P = \frac{wS}{Z} = \frac{21.6 \times 15.18}{1.36} = 241.1(\mathrm{W})$$

$$N = \frac{\sum P}{P} = \frac{241.1}{80} \approx 3(套)$$

即需装3套双管带罩筒式荧光灯（本例中，由于使用老式灯具，功率密度超标了）。

2.4 照明施工图

2.4.1 照明施工图组成、内容、图例

施工图是工程的语言，是施工、生产的依据。

施工图反映了业主的需要、意见和其他要求，照明施工图包括配电箱总开关和各分开关的容量、漏电保护器的规格、各照明器、用电器的位置等。根据施工图能够确定工程数量（工作量）从而编制施工图预算。

（1）电气施工图的组成

完整的电气施工图应该由以下内容组成：

1）施工说明——主要说明工程概况、设计意图、施工要求、施工注意事项、图例，可采用的设备规格。图中无法表达的内容，也要用文字表达清楚。

2）系统图——反映用电回路在系统中的容量、分配方式、开关型号、接线、线路敷设方式、穿线管与导线的规格、系统保护方式。电气系统图不必画成轴测图的形式，只用示意图表示线路系统关系。

3）平面图——反映用电器各使用点的位置。图纸上有比例的按比例计算尺寸，无比例的应标注尺寸。

4）详图——详图表示某些设备的详细构造与安装做法。凡标准图集上有的不必再画详图。详图对某一器具安装结点、某一位置的尺寸可加以说明。

5）材料表——工程中需要的各种主要材料的规格、数量。

（2）电气施工图实例

1）案例介绍

下面是一个典型的家庭配电系统的例子。

这是一套三房二厅二卫的居室。在业主入住以前，已经有了基本的照明、插座等设

施。这套图纸按业主的要求，对强电系统重新进行了设计。

配电为单相二线制，提供接地系统。配电箱位于西侧入口处，设置了一个总开关（空气开关32A）和14个分路空气开关。其中，5个分路分别单独供应空调用电；4个分路供插座使用，所有插座回路均设漏电断路器保护（额定漏电动作电流值为30mA）；4个分路供照明使用；1个分路供弱电系统用电使用。

厨房插座和客厅柜式空调因用电量大，配线用 $4mm^2$ 铜导线，其余回路配线均为 $2.5mm^2$ 铜线。

本例弱电系统介绍从略。

施工说明见图2-57，在此说明中描述了配电箱的定位、电线穿PVC管暗敷设及管径选取等，其中PNA是指暗设在不能进入的吊顶内；DA是指暗设在地面或地板内。说明还给出灯具图例及定位等事项。

设 计 说 明

一、供电

1. 本装饰设计的供电电源采用原建筑设计的电源和电压等级。

2. 配电箱的位置保持原建筑设计位置不变，如本设计平面图中配电箱的位置与原建筑设计位不同时，按原位定位。

3. 配电箱回路开关整定值及箱体规格按本设计要求选用开关厂定型产品。箱体选用开关单元数与开关回路数相接近的箱体，但至少应预留三个单元的备用空格。

二、线路敷设

1. 室内所有装修线路均采用穿PVC阻燃管吊顶内或埋地、埋墙敷设。

2. 图中未注明敷设方式的线路，其敷设方式为：照明线路采用"PNA"，插座线路采用"DA"或"PNA"，弱电线路采用"DA"或"PNA"。

3. 图中未标明管径的线径为 $6mm^2$ 以下的线路，其穿管管径为：

 a. $1.5mm^2$ 及 $2.5mm^2$ 导线1~3根共管时，管径采用 $\phi16$；4根导线共管，管径采用 $\phi20$；5~6根导线共管时，管径采用 $\phi25$；7~8根导线共管时，管径采用 $\phi32$。

 b. $4mm^2$ 和 $6mm^2$ 导线1~3根共管时，采用 $\phi20$；4根导线共管时，采用 $\phi25$；5~6根导线共管时，采用 $\phi32$。

 c. 电话、电视、电脑线1根穿管时，采用 $\phi16$；2~3根共管时，采用 $\phi20$；4~5根共管时，采用 $\phi25$；6~8根共管时，采用 $\phi32$。

三、其他

1. 所有灯具的图例说明详见平面图，灯具准确定位详见饰施。

2. 所有插座均选用安全型插座。所有未标明导线根数的插座线路均为三根线。

3. 接地保护采用原建筑保护接地系统。

4. 图中未尽事项均按国家现行规程规范的要求进行严格施工和验收。未注明的做法详见《建筑电气安装工程图集》

图2-57 施工说明

本案图例表见图2-58。

本例中的电气插座、开关、照明灯具图例，电路系统图如图2-59所示。符合上海市《建筑装饰室内设计制图统一标准》SHB 1003—1（试行）。弱电图例已省略。

图 例 表

符号	名 称	型号、规格、做法说明	数量
	二极扁圆插座	A86Z12T10 250V10A 暗装，高地2.0m，供排气扇用	
	二三极扁圆插座	A86Z223-10 250V10A 暗装，高地1.3m	
	二三极扁圆地插座	250V10A 带盖地装插座	
	二三极扁圆插座	A86Z223-10 250V10A 暗装，高地0.3m	
	二三极扁圆插座	A86Z223-10 250V10A 暗装，高地2.0m	
	带开关二三极插座	A86Z223-10 250V10A 暗装，高地1.3m	
	普通型三极插座	A86Z13-15 250V15A 暗装，高地2.0m，供空调用电	
	普通型三极插座	A86Z13-15 250V20A 暗装，高地0.3m，供空调用电	
	防溅二三根插座	A86Z223F10 250V10A 暗装，高地1.3m	
	带开关防溅二三极插座	A86Z223FK10 250V10A 暗装，高地1.3m	
	三相四极插座	A86Z34 380V15A 暗装，高地0.3m	
	单联单控翘板开关	A86K11-10 250V10A 暗装，高地1.3m，床头柜旁高地0.8m	
	双联单控翘板开关	A86K21-10 250V10A 暗装，高地1.3m，床头柜旁高地0.8m	
	三联单控翘板开关	A86K31-10 250V10A 暗装，高地1.3m，床头柜旁高地0.8m	
	浴霸控制开关	与浴霸配套供应，高地1.3m	
	声控开关	250V10A 暗装，高地1.8m	
	单联双控翘板开关	A86K12-10 250V10A 暗装，高地1.3m，床头柜旁高地0.8m	
	双联双控翘板开关	A86K22-10 250V10A 暗装，高地1.3m，床头柜旁高地0.8m	
	叁联双控翘板开关	A86K32-10 250V10A 暗装，高地1.3m，床头柜旁高地0.8m	
	四联双控翘板开关	A86K42-10 250V10A 暗装，高地1.3m，床头柜旁高地0.8m	
	配电箱	除图中注明外底边高地1.6m，型号规格见系统图	
	弱电综合分线箱	暗装，除图中注明外底边高地0.5m，型号规格见系统图	
	电话分线箱	暗装，除图中注明外底边高地1.0m，型号规格见系统图	

图 2-58 图例表

2) 照明布置简介

A. 玄关

玄关设计成圆形，采用轻钢龙骨纸面石膏板吊顶，嵌装 $\Phi 80$ 筒灯 7 只，大门口迎面的两只壁龛内安装石英射灯 2 只。

B. 起居室

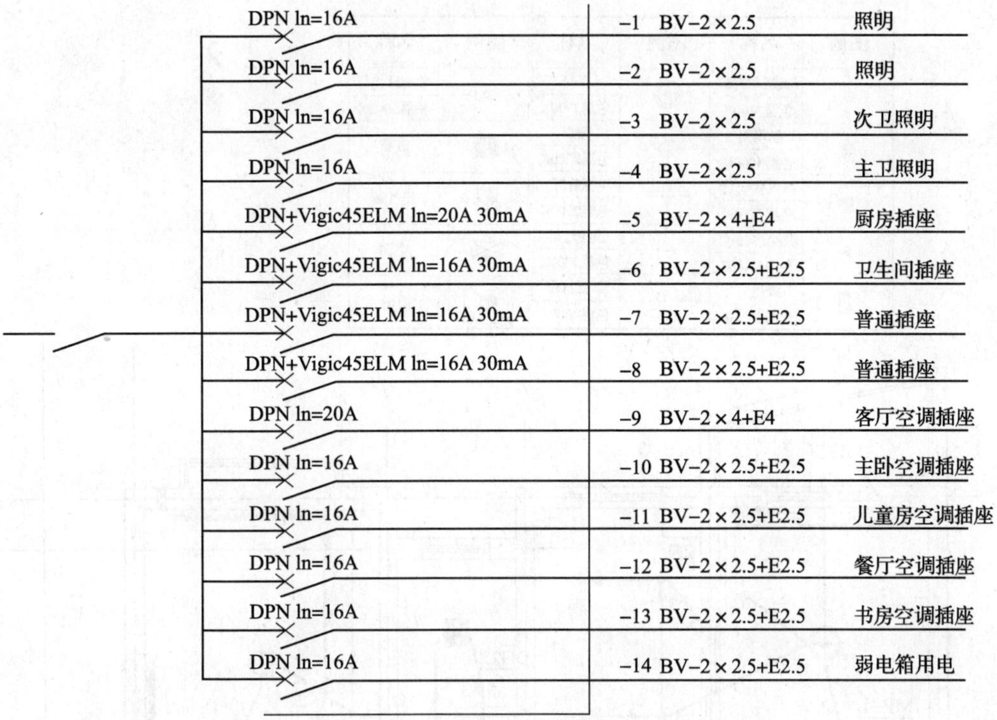

DPN ln=16A	−1 BV−2×2.5	照明
DPN ln=16A	−2 BV−2×2.5	照明
DPN ln=16A	−3 BV−2×2.5	次卫照明
DPN ln=16A	−4 BV−2×2.5	主卫照明
DPN+Vigic45ELM ln=20A 30mA	−5 BV−2×4+E4	厨房插座
DPN+Vigic45ELM ln=16A 30mA	−6 BV−2×2.5+E2.5	卫生间插座
DPN+Vigic45ELM ln=16A 30mA	−7 BV−2×2.5+E2.5	普通插座
DPN+Vigic45ELM ln=16A 30mA	−8 BV−2×2.5+E2.5	普通插座
DPN ln=20A	−9 BV−2×4+E4	客厅空调插座
DPN ln=16A	−10 BV−2×2.5+E2.5	主卧空调插座
DPN ln=16A	−11 BV−2×2.5+E2.5	儿童房空调插座
DPN ln=16A	−12 BV−2×2.5+E2.5	餐厅空调插座
DPN ln=16A	−13 BV−2×2.5+E2.5	书房空调插座
DPN ln=16A	−14 BV−2×2.5+E2.5	弱电箱用电

图 2-59 电路系统图

采用局部高低吊顶，西侧沙发上方嵌装 Φ100 筒灯 4 只；中间配射灯 4 只，东西两侧沿墙壁各设暗藏灯管 1 支。

C. 主、次卧室
安装平顶吸顶灯，为控制方便使用了双控开关。

D. 书房
安装平顶吸顶灯、台灯、立灯，并设定向石英射灯 4 只。

E. 餐厅
安装造型吊灯 1 盏，射灯 1 只。

F. 厨房
设防潮嵌装筒灯 4 只。

G. 主、客卫
主卫安装防潮嵌装筒灯 4 只、客卫安装防雾灯 1 只，两处各安装浴霸 1 只。

H. 阳台
前后阳台各装吸顶灯 1 只。

I. 走道
共安装 Φ100 筒灯 4 只，使用双控开关，可以分别在三处控制走道灯。电原理图如图 2-60，其中开关 A、B 是单刀双掷开关、C 是双刀双掷开关。

图 2-61 为照明平面图，图 2-62 为插座平面图。

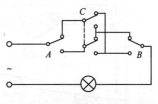

图 2-60 走道灯控制

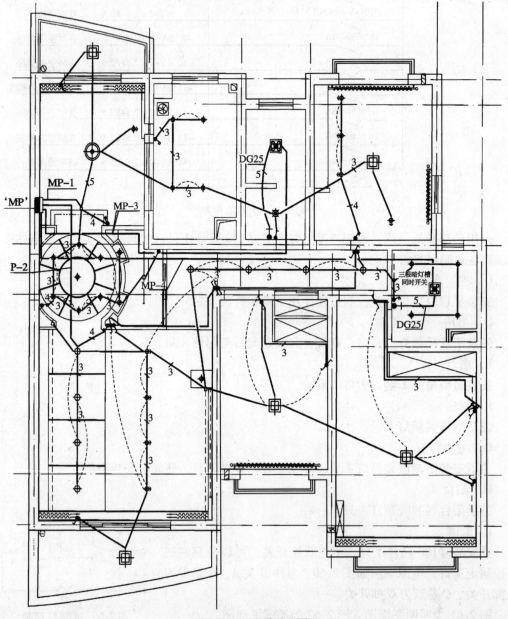

图 2-61 照明平面图

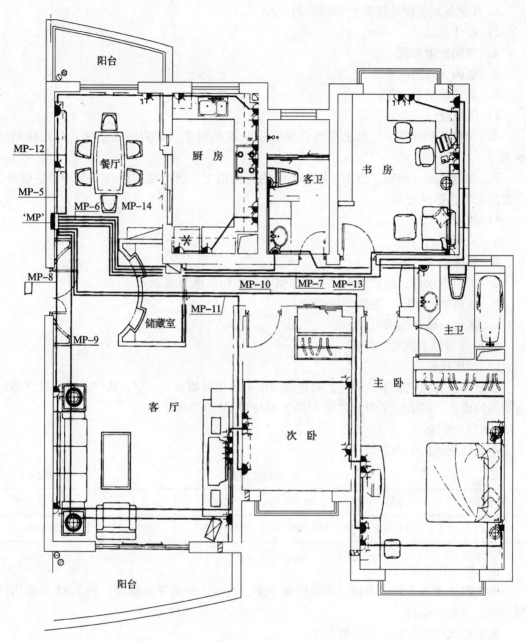

图 2-62 插座平面图

2.4.2 照明施工图设计及绘制

（1）照明施工图设计

照明施工图设计建议包括以下内容：

1）设计依据：

A. 甲方设计任务书及设计要求；

B. 《低压配电设计规范》GB 50054—95；

C. 《民用建筑电气设计规范》JGJ/T 16—92；

D. 《建筑照明设计规范》GB 50034—2004。
2) 设计范围
A. 照明配电系统；
B. 室内、外照明系统；
C. 调光照明系统等。
3) 供电设计
A. 用电负荷计算。包括总用电功率、照明用电功率、动力用电功率、其他用电功率等。
B. 供电回路：照明、插座分别由不同的支路供电，所有插座回路（空调插座除外）应设漏电断路器保护。
4) 照明系统设计
A. 光源。
B. 照度要求。
C. 出口指示灯、疏散指示灯采用的供电方式和供电要求。
D. 室外立面照明、庭院照明设计。
E. 其他应该说明的问题。
(2) 照明施工图绘制简介
1) 制图规范
按照国家对建筑制图的规范，对建筑图形中的图纸幅面、文字、线型、标注样式等都有明确的要求。照明施工图通常用 AUTOCAD 绘图软件进行绘制。
A. 图纸幅面
图纸幅面规范见表 2-23。

图纸幅面规范　　　　　　　　　　表 2-23

幅面代号	A0	A1	A2	A3	A4
B×L	841×1189	594×841	420×594	297×420	210×297

B. 电气图例表
电气图例表通常制成表格，如果图例不多，可置于相应平面图中，图 2-63 是常用的部分图例及相应说明。
绘制电气图例表的一般步骤如下：
绘制空表格→输入文字并调整表格的宽度→绘制表格中的图形→绘制矩形类图形→绘制圆形类图形→绘制圆点加斜线类图形→绘制半圆形类图形→出图。
2) 绘制电气系统图
绘制第一个回路图形→绘制配电箱及开关图形→绘制其余图形→安装接线→配线图→出图。
3) 绘制平面图
绘制思路：图纸之间是相互联系的，很多图形也会重复出现，从完整、系统的角度出发，绘制建筑图纸需要做到既不割断相互间的联系从而引起施工冲突，又不要绘制重复图

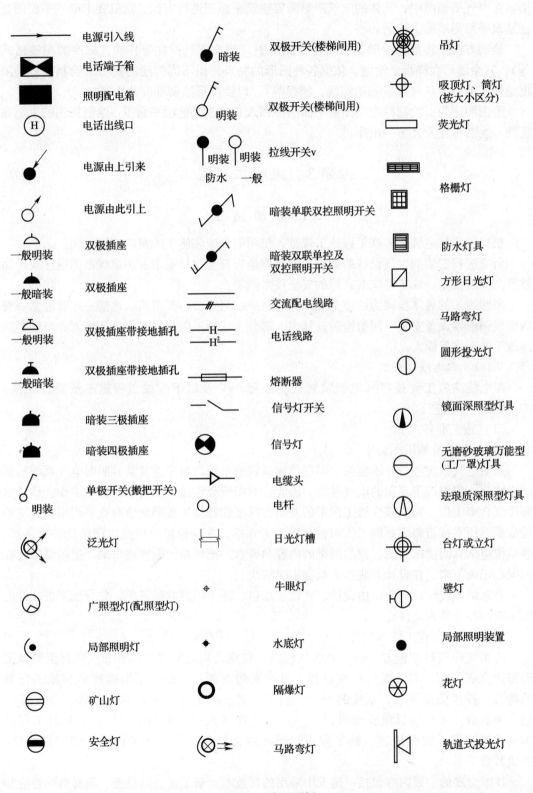

图 2-63 常见图例

形。在电气平面图中，具体的电气图形需要建筑平面图进行定位，这就要求电气平面图要在建筑平面图基础上绘制。

绘制方法：将重复图形制作在样板图形中（如文字、标注等样式，标准的图签格式等），其余图形在样板上绘制。依据各种图形的特点，用不同的绘制技巧来绘制。最大限度地使用辅助工具（如极轴追踪线、捕捉等），以使图形绘制准确和快捷。

绘图顺序为：绘制标准层照明平面图→调入并修改其他层平面图→绘制插座的平面布置图→绘制标注及文字→出图。

课题3 照明工程施工

3.1 照明施工

根据国家住宅装饰装修工程施工规范，照明电气安装施工人员应持证上岗。

所有进行安装的电气设备的规格及外观质量应符合设计要求和国家规范的规定及产品技术文件的规定，施工时应有良好的安全技术措施。

照明施工的具体步骤为：施工设计→选材→线路定位→开凿墙、地槽→布管埋盒→管内穿线→电器设备安装→测量检验。其中，部分土建施工的步骤未能全部列入，而配电线路施工的工作量较大。

3.1.1 配电线路施工

配电线路施工要按照《电气装置安装工程 1kV 及以下配线工程施工及验收规范》GB 50258—96 进行。

(1) 施工准备：

1) 电气系统施工图会审

照明电气系统本身并不复杂，但现代建筑弱电系统却越来越复杂，照明电气系统与弱电系统等一起组成了复杂的电气系统。因此，对图纸会审是一项重要的技术工作。认真做好图纸会审工作，对于减少施工图中的差错，保证和提高工程质量会有重要作用。施工单位应根据所掌握资料编制施工组织设计或施工方案，并经建设单位或监理单位签字认可。各单位应认真阅读施工图，熟悉图纸的内容和要求，把疑难问题整理出来，把图纸中存在的问题记录下来，在设计交底和图纸会审时解决。

会审结果应形成纪要，由设计、建设、总包、施工四方共同签字，并分发下去，作为施工图的补充技术文件。

2) 系统工程施工技术交底

技术交底包括总包方、各分系统承包商、监理公司之间以及综合布线项目组到施工班组的交底工作，应分级分层次进行。目的有两方面：一是为了明确所承担施工任务的特点、技术质量要求、系统的划分、施工工艺、施工要点和注意事项等，使大家做到心中有数。工程项目组长也可以进一步帮助技术人员理解消化图纸；二是对工程技术的具体要求、安全措施、施工程序、配制的工机具等作详细的说明，使责任明确，各负其责。

技术交底的主要内容包括：施工中采用的新技术、新工艺、新设备、新材料的性能和操作使用方法，预埋部件注意事项。技术交底要做好相应的记录。

小型照明工程或家庭装修装饰电气工程，虽然不会有众多有关方面的参与，但工程质量同样不可马虎，也应充分做好全面施工前的准备工作。

(2) 配线工程

配线工程施工前，建筑工程应符合下列要求：

对配线工程施工有影响的模板、脚手架等应拆除，杂物应清除。对配线工程会造成污损的建筑工作量应全部结束。

1) 配线施工的准备工作

先检查在土建施工过程中，应预埋的电线保护管、支架、螺栓、吊钩、拉环等预埋件是否埋设牢固，预埋件的位置和尺寸是否符合设计要求。

要根据图纸确定电源引入配电箱和灯具、开关、插座等电气设备的位置。

根据明、暗配线的不同要求，确定导线的敷设路径。划出管路走向的中心线和管路交叉位置，确定管路穿过墙、楼板等的位置。

电气线路经过建筑物、构筑物的沉降缝或伸缩缝处，应装设两端固定的补偿装置，导线应留有余量，参见图2-64。

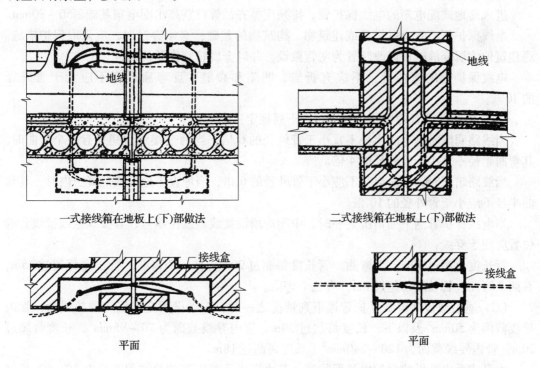

图2-64 暗配管线遇建筑伸缩沉降缝时的做法

电气线路沿发热体表面上敷设时，要对发热体采取隔离措施。与发热体表面的距离应符合设计规定和建筑规范的要求。表2-24为电线管与发热管道之间的最小距离。

2) 布管、埋盒

A. 配管

配管工作包括选管、管子加工、敷设和连接等。根据工程要求，可选钢管、硬塑料管等。配管工作的一般要求如下：

管道名称	最小距离（mm）	配线方法	
		穿管配线	绝缘导线明配线
蒸汽管	平行	1000	1000
	交叉	300	300
暖，热水管	平行	300	300
	交叉	100	100
通风，上下水压缩空气管	平行	100	200
	交叉	50	100

电线管与发热管道之间的最小距离　　表 2-24

（A）敷设在多尘或潮湿场所的电线保护管，管口及其各连接处均应密封。

当线路需暗敷设时，暗管敷设在楼板内的位置应尽量与主筋平行，并且不受主筋的挤压；电线保护管原则上沿最近的路线敷设，并应减少弯曲。埋入建筑物、构筑物内的电线保护管，与建筑物、构筑物表面的距离不应小于 15mm。

进入落地式配电箱的电线保护管，排列应整齐，管口宜高出配电箱基础面 50～80mm。

电线保护管不宜穿过设备或建筑物、构筑物的基础；必须穿过时，应采取保护措施。遇建筑伸缩沉降缝时可以改暗管为明管敷设，并以金属软管作补偿装置。

电线保护管的弯曲处，不应有折皱、凹陷和裂缝，且弯扁程度不应大于管外径的 10%。

（B）电线保护管的弯曲半径应符合下列规定：

当线路明配时，弯曲半径不宜小于管外径的 6 倍；当两个接线盒间只有一个弯曲时，其弯曲半径不宜小于管外径的 4 倍。

当线路暗配时，弯曲半径不应小于管外径的 6 倍；当埋设于地下或混凝土内时，其弯曲半径不应小于管外径的 10 倍。

当电线保护管遇下列情况之一时，中间应增设接线盒或拉线盒，且接线盒或拉线盒的位置应便于穿线：

管长度每超过 30m，无弯曲。管长度每超过 20m，有一个弯曲。管长度每超过 15m，有两个弯曲。管长度每超过 8m，有三个弯曲。

（C）垂直敷设的电线保护管遇下列情况之一时，应增设固定导线用的拉线盒：管内导线截面为 $50mm^2$ 及以下，长度每超过 30m。管内导线截面为 $70～95mm^2$，长度每超过 20m。管内导线截面为 $120～240mm^2$，长度每超过 18m。

水平或垂直敷设的明配电线保护管，其水平或垂直安装的允许偏差为 1.5‰，全长偏差不应大于管内径的 1/2。

（D）配线工程中非带电金属部分的接地和接零应可靠。

B. 钢管敷设

为节约金属材料，应按不同要求选用不同壁厚的钢管。潮湿、易燃、易爆场所或埋在地下的电线保护管，应采用厚壁钢管或防液型可挠金属电线保护管；干燥场所的电线保护管可采用薄壁钢管。利用钢管兼做接地线时要选用壁厚不小于 2.5mm 的厚壁钢管。

（A）钢管的内壁、外壁均应作防腐处理。当埋设于混凝土内时，钢管外壁可不作防腐处理；直埋于土层内的钢管外壁应涂两度沥青；采用镀锌钢管时，锌层剥落处应补涂防腐漆。设计有特殊要求时，应按设计规定进行防腐处理。

钢管不应有折扁和裂缝，管内应无铁屑及毛刺，切断口应平整，管口应光滑。

（B）钢管的连接应符合下列要求：

采用螺纹连接时，管端螺纹长度不应小于管接头长度的1/2；连接后，其螺纹宜外露2~3扣。螺纹表面应光滑、无缺损。

采用套管连接时，套管长度宜为管外径的1.5~3倍，管与管的对口处应位于套管的中心。套管采用焊接连接时，焊缝应牢固严密；采用紧定螺钉连接时，螺钉应拧紧；在振动的场所，紧定螺钉应有防松动措施。

镀锌钢管和薄壁钢管应采用螺纹连接或套管紧定螺钉连接，不应采用熔焊连接。钢管连接处的管内表面应平整、光滑。

（C）钢管与盒（箱）或设备的连接应符合下列要求：

暗配的黑色钢管与盒（箱）连接可采用焊接连接，管口宜高出盒（箱）内壁3~5mm，且焊后应补涂防腐漆；明配钢管或暗配的镀锌钢管与盒（箱）连接应采用锁紧螺母或护圈帽固定，用锁紧螺母固定的管端螺纹宜外露锁紧螺母2~3扣。

当钢管与设备直接连接时，应将钢管敷设到设备的接线盒内。

当钢管与设备间接连接时，对室内干燥场所，钢管端部宜增设电线保护软管或可挠金属电线保护管后引入设备的接线盒内，且钢管管口应包扎紧密；对室外或室内潮湿场所，钢管端部应增设防水弯头，导线应加套保护软管，经弯成滴水弧状后再引入设备的接线盒。与设备连接的钢管管口与地面的距离宜大于200mm。

（D）钢管的接地连接应符合下列要求：

当黑色钢管采用螺纹连接时，连接处的两端应焊接跨接接地线或采用专用接地线卡跨接。

镀锌钢管或可挠金属电线保护管的跨接接地线宜采用专用接地线卡跨接，不应采用熔焊连接。

安装电器的部位应设置接线盒。

（E）明配钢管沿墙或现浇楼板安装的方法见图2-65。

C. 金属软管敷设

（A）钢管与电气设备、器具间的电线保护管宜采用金属软管或可挠金属电线保护管；金属软管的长度不宜大于2m。

（B）金属软管应敷设在不易受机械损伤的干燥场所，且不应直埋于地下或混凝土中。当在潮湿等特殊场所使用金属软管时，应采用带有非金属护套且附配套连接器件的防液型金属软管，其护套应经过阻燃处理。

（C）金属软管不应退绞、松散，中间不应有接头；与设备、器具连接时，应采用专用接头，连接处应密封可靠；防液型金属软管的连接处应密封良好。

（D）金属软管的安装应符合下列要求：

A）弯曲半径不应小于软管外径的6倍。

B）固定点间距不应大于1m，管卡与终端、弯头中点的距离宜为300mm。

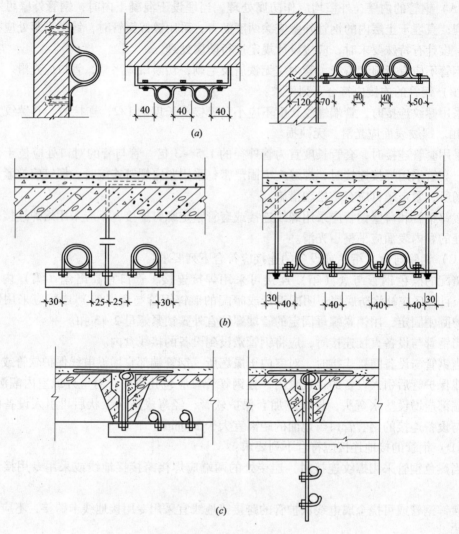

图 2-65 明配钢管沿墙或现浇楼板安装方法
（a）明配管沿墙的支架安装；（b）明配管沿现浇楼板的吊架安装；
（c）明配管沿现预预制楼板的吊架安装

C）与嵌入式灯具或类似器具连接的金属软管，其末端的固定管卡，宜安装在自灯具、器具边缘起沿软管长度的 1m 处。

D）金属软管应可靠接地，且不得作为电气设备的接地导体。

D. 塑料管敷设

硬塑料管耐腐蚀，但易变形老化，机械强度不如钢管好，常用于室内或有酸、碱等腐蚀介质的场所。不能在高温和易受机械损伤场所敷设。半硬塑料管质轻、刚柔结合易于加工，适用于一般民用建筑的照明工程暗配敷设，但敷设于现场捣制的混凝土结构中时应有预防机械损伤的措施。还要注意以下几点：

（A）保护电线用的塑料管及其配件必须由阻燃处理的材料制成，塑料管外壁应有间距不大于 1m 的连续阻燃标记和制造厂标。半硬质阻燃型塑料管不得在吊顶内敷设。

（B）塑料管管口应平整、光滑；管与管、管与盒（箱）等器件应采用插入法连接；连接处结合面应涂专用胶粘剂，接口应牢固密封，管与管之间采用套管连接时，套管长度宜为管外径的 1.5~3 倍；管与管的对口处应位于套管的中心。管与器件连接时，插入深度宜为管外径的 1.1~1.8 倍。

（C）硬塑料管明敷设时管路入盒、箱一律采用端接头与内锁母连接，要求平正、牢固。向上立管管道采用端帽护口，防止异物堵塞管路。

（D）硬塑料管沿建筑物、构筑物表面敷设时，应按设计规定装设温度补偿装置。直管每隔 30m 应加装补偿装置，补偿装置接头的大头与直管套入并粘牢，另一端塑料管套上一节小头并粘牢，然后将小头一端插入卡环中，小头可在卡环内滑动。补偿装置安装如图 2-66 所示。明配硬塑料管在穿过楼板易受机械损伤的地方，应采用钢管保护，其保护高度距楼板表面的距离不应小于 500mm。

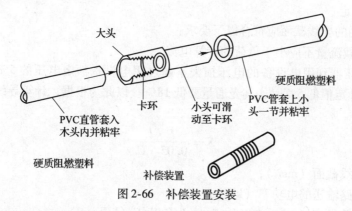

图 2-66 补偿装置安装

（E）塑料管及其配件的敷设、安装和揻弯制作，均应在原材料规定的允许环境温度下进行。预制管弯可采用冷揻法和热煨法。

A）冷揻法：管径在 25mm 及以下可用冷揻法，参见图 2-67。

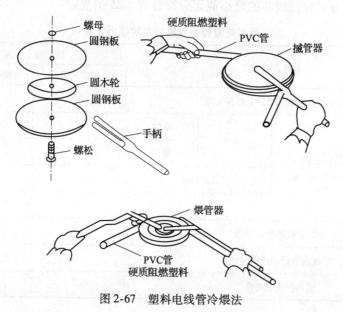

图 2-67 塑料电线管冷煨法

a. 使用手扳弯管器搬弯，将管子插入配套的弯管器内，手扳一次搬出所需的弯度。

b. 将弯簧插入管内需搬弯处，两手抓住弯簧两端头，膝盖顶在被弯处，用手扳逐步搬出所需弯度，然后抽出弯簧（当弯曲较长管时，可将弯簧用钢丝或尼龙线拴牢一端，待搬完弯后抽出）。

B）热煨法：用电炉、热风机等加热均匀。烘烤管子煨弯处，待管被加热到可随意弯曲时，立即将管子放在木板上，固定管子一头，逐步煨出所需管弯度，并用湿布抹擦使弯曲部位冷却定型，不能因煨弯使管子出现烤伤、变色、破裂等现象。

（F）塑料管在砖砌墙体上剔槽敷设时，应采用强度等级不小于 M10 的水泥砂浆抹面保护，保护层厚度不应小于 15mm。

明配硬塑料管安装参考钢管明配，本书从略。

3）配线

A. 一般规定

室内配线用的导线截面应符合以下要求：

（A）允许载流量不应小于负荷的计算电流。

（B）从变压器到用电设备的电压损失不超过用电设备额定电压的 5%。以白炽灯为例，当电压较额定值低 5% 时，其光通量要低 18%。以此为根据，计算导线截面的简易公式是

$$S = \frac{P \cdot l}{0.05 \cdot C} \tag{2-24}$$

式中 S——导线截面（mm^2）；

P——线路输送的电功率（kW）；

l——线路长度（m），有时称 $P \cdot L$ 为负荷矩（$kW \cdot m$）

C——系数。对于 220V 电压，铜线取 12.8；铝线取 7.75。

（C）当取用电流较小时，导线截面要能满足机械强度的要求，不能小于规定的最小截面，不同敷设方式导线线芯的最小截面应符合表 2-25 的规定：

取用电流较小导线线芯的最小截面　　　　表 2-25

敷设方式			线芯最小截面（mm^2）		
			铜芯软线	铜线	铝线
敷设在室内绝缘支持件上的裸导线			—	2.5	4.0
敷设在绝缘支持件上的绝缘导线其支持点间距 L（m）	$L \leq 2$	室内	—	1.0	2.5
		室外	—	1.5	2.5
	$2 < L \leq 6$		—	2.5	4.0
	$6 < L \leq 12$		—	2.5	6.0
穿管敷设的绝缘导线			1.0	1.0	2.5
槽板内敷设的绝缘导线			—	1.0	2.5
塑料护套线明敷			—	1.0	2.5

综合以上三点要求，选取截面要求的最大值。

B. 配线的布置

（A）配线的布置应符合设计的规定。当设计无规定时，室外绝缘导线与建筑物、构筑物之间的最小距离应符合表 2-26 的要求；

室外绝缘导线与建筑物、构筑物之间的最小距离　　　　表 2-26

敷设方式		最小距离（mm）
水平敷设的垂直距离	距阳台、平台、屋顶	2500
	距下方窗户上口	300
	距上方窗户下口	800
垂直敷设时至阳台窗户的水平距离		750
导线至墙壁和构架的距离（挑檐下除外）		50

（B）室内、室外绝缘导线之间的最小距离应符合表 2-27 的要求：

室内、室外绝缘导线之间的最小距离　　　　表 2-27

固定点间距（m）	导线最小间距（mm）	
	室内配线	室外配线
15 及以下	35	100
15～30	50	100
30～60	70	100
60 以上	150	150

室内、室外绝缘导线与地面之间的最小距离也应符合规范的要求。

C. 导线的连接

导线的连接的基本要求是：连接可靠，接头处电阻小、机械强度高、耐腐蚀、绝缘性能好。若设计或规范有要求时，应按照具体要求；当设计无特殊规定时，导线的芯线可采用绞接（截面为 10mm² 及以下的铜芯单股线）、锡焊接（多股铜芯线）、压板或套管压接（多股铝芯线）、气焊接（铝线）等连接方法。剖开导线绝缘层时，不应损伤芯线；芯线连接后，绝缘带应包缠均匀紧密，其绝缘强度不应低于导线原绝缘层的绝缘强度。在接线端子的根部与导线绝缘层间的空隙处，应采用绝缘带包缠严密。分支接头应在接线盒、灯头盒、开关盒内处理，每个接头上接线不宜超过两根；线在盒内留有适当余量。在配线的分支线连接处，干线不应受到支线的横向拉力。

D. 导线的穿管

（A）瓷夹、瓷柱、瓷瓶和槽板配线在穿过墙壁或隔墙时，应采用经过阻燃处理的保护管保护；当穿过楼板时应采用钢管保护，导线在管内不得有接头和扭结。其保护高度与楼面的距离不应小于 1.8m，但在装设开关的位置，可与开关高度相同。管内绝缘导线的额定电压不应低于 500V。同一交流回路的导线穿于同一钢管内。不同回路和不同电压的导线以及交流和直流导线，不宜穿入同一根管子内。

（B）入户线在进墙的一段应采用额定电压不低于 500V 的绝缘导线；穿墙保护管的外

侧，应有防水弯头，且导线应弯成滴水弧状后方可引入室内。

（C）在顶棚内由接线盒引向器具的绝缘导线，应采用可挠金属电线保护管或金属软管等保护，导线不应有裸露部分。

（D）当配线采用多相导线时，其相线的颜色应易于区分，同一建筑物、构筑物内的导线，其颜色选择应统一；保护地线（PE线）应采用黄绿颜色相间的绝缘导线；零线宜采用淡蓝色绝缘导线。

E. 塑料护套线敷设

（A）塑料护套线不应直接敷设在抹灰层、吊顶、护墙板、灰幔角落内。室外受阳光直射的场所，不应明配塑料护套线。

（B）塑料护套线与接地导体或不发热管道等的紧贴交叉处，应加套绝缘保护管；敷设在易受机械损伤场所的塑料护套线，应增设钢管保护。

（C）塑料护套线的弯曲半径不应小于其外径的3倍；弯曲处护套和线芯绝缘层应完整无损伤。

（D）塑料护套线进入接线盒（箱）或与设备、器具连接时，护套层应引入接线盒（箱）内或设备、器具内。

配线工程施工结束后，应将施工中造成的建筑物、构筑物的孔、洞、沟、槽等修补完整。

3.1.2 照明电气施工

照明电气装置施工前，建筑工程应符合下列要求：对电气安装有妨碍的模板、脚手架应已拆除，地面已作了一定程度的清理。

（1）配电箱施工

照明配电箱不应采用可燃材料制作；在干燥无尘的场所，采用的木制配电箱应经阻燃处理。配电箱中的低压电器，由熔断器、电度表、自动空气断路器等组成。这些低压电器均应按 GB 1497《低压电器基本标准》进行设计和制造。

导线引出面板时，面板线孔应光滑无毛刺，金属面板应装设绝缘保护套。照明配电箱应安装牢固，其垂直偏差不应大于3mm；暗装时，照明配电箱四周应无空隙，其面板四周边缘应紧贴墙面，箱体与建筑物、构筑物接触部分应涂防腐漆。

照明配电箱内，应分别设置零线和保护地线（PE线）汇流排，零线和保护线应在汇流排上连接，不得铰接，并应有编号。照明配电箱（板）内装设的螺旋熔断器，其电源线应接在中间触点的端子上，负荷线应接在螺纹的端子上。照明配电箱（板）上应标明用电回路名称。应根据室内用电设备的不同功率分别配线供电；大功率家电设备应独立配线安装插座。

照明配电箱，除竖井内明装外，其他均为暗装（剪力墙上除外）；安装高度均为底边距地 1.4m。应急照明箱箱体，应刷防火漆作防火处理。

（2）开关、插座施工

插座、开关应安装牢固，四周无缝隙；插座、开关离地面间距不小于200mm，1.5m以下安装的插座应采用防触电保护措施的插座；厨房、卫生间内安装的开关应采用带防水措施的开关。插座可以分别由不同的支路供电，但都要设漏电断路器保护。照明开关、插座应首选暗装，除注明者外，可选250V，10A。应急照明开关应带指示灯。

门旁开关底边距地宜为 1.3m，距门框宜为 0.2m。有淋浴、浴缸的卫生间内的开关、插座尽量安装在门外开启侧的墙体上；其他用电器应设在卫生间区间以外。电源插座可选单相两孔+三孔安全型插座。开关、插座位置在施工图纸未作说明时，可以常规进行处理：卫生间插座底边距地 1.2m，电热水器插座底边距地 2.0m，其他插座均为底边距地 0.3m。安装电源插座时，面向插座的左侧应接零线（N），右侧应接相线（L），中间上方应接保护地线（PE），插座接线如图 2-68 所示。

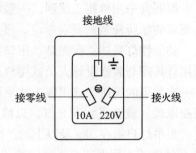

图 2-68 插座接线

单相三孔、三相四孔及三相五孔插座的接地线或接零线均应接在上孔。插座的接地端子不应与零线端子直接连接。同一场所的三相插座，其接线的相序必须一致。

当交流、直流或不同电压等级的插座安装在同一场所时，应有明显的区别，且必须选择不同结构、不同规格和不能互换的插座；其配套的插头，应按交流、直流或不同电压等级区别使用。

备用照明、疏散照明的回路上不应设置插座。

同一室内的电源、电话、电视等插座面板应在同一水平标高上，高差应小于 5mm。

(3) 灯具施工

灯具安装前，顶棚、墙面等抹灰工作应完成，地面清理工作应结束。

首先检查灯头盒在土建施工时是否已经安装完毕，如果尚未装好可参见图 2-69 进行施工。

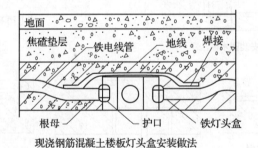

现浇钢筋混凝土楼板灯头盒安装做法

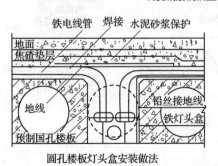

圆孔楼板灯头盒安装做法　　　槽形楼板灯头盒安装做法

图 2-69 灯头盒安装

照明常采用单相二线制。一般场所为荧光灯、金属卤化物灯或其他节能型灯具，有装修要求的场所视装修要求商定。报告厅、宴会厅灯光可考虑采用智能控制系统。

功能性灯具如：荧光灯、出口指示灯、疏散指示灯需有国家主管部门的检测报告，装饰用灯具需与装修设计人员或用户商定，达到设计要求的方可投入使用。

有吊顶的场所，选用嵌入式格栅荧光灯（反射器为雾面合金铝贴膜），无吊顶场所选用控罩式（或盒式）荧光灯，以减少眩光。

当吊灯自重在3kg及以上时，应先安装预埋吊钩、螺栓、螺钉、膨胀螺栓等，如图2-70预埋件或专用框架可靠固定埋设牢固；严禁使用木楔。然后将灯具固定在上述预埋件上参见图2-71。当软线吊灯灯具重量大于1kg时，应增设吊链。发热量较大的器具与可燃材料的接触应进行隔热处理。

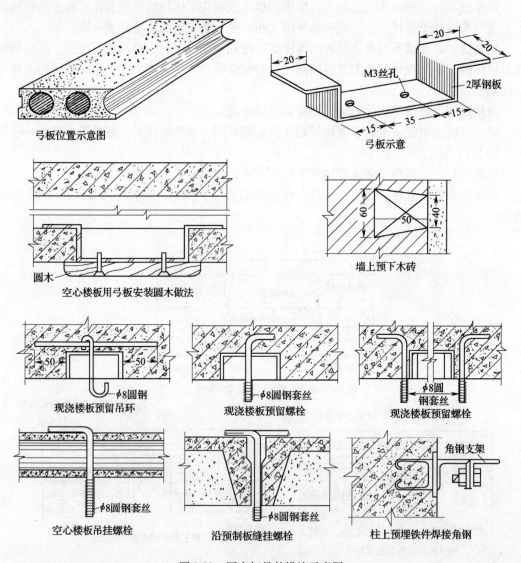

图2-70 固定灯具的措施示意图

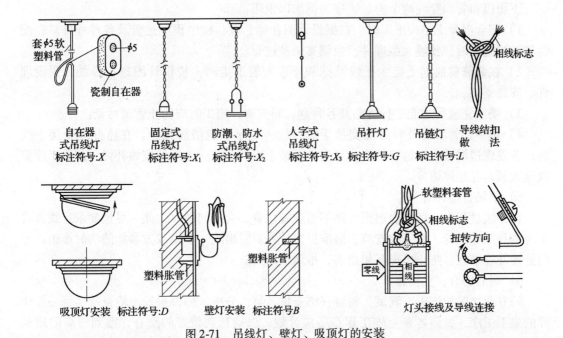

图 2-71　吊线灯、壁灯、吸顶灯的安装

同一室内或场所成排安装的灯具，其中心线偏差不应大于5mm。日光灯及其附件应配套使用，安装位置应便于检查和维修。连接开关、螺口灯具导线时，相线应先接开关，开关引出的相线应接在灯中心的端子上，零线应接在螺纹的端子上。灯具安装高度低于2.4m时，需增加一根PE线。

公共场所安全出口指示灯、疏散指示灯宜采用交、直流两用型，平时用交流供电，内设可蓄电池，断电时用蓄电池供电，持续供电时间应大于30分钟。灯具厚度宜在70mm以内。无专人管理的公共场所照明宜装设自动节能开关。

备用照明宜装设在墙面或顶棚部位。疏散照明宜设在疏散出口的顶部或疏散走道及其转角处距地1m以下的墙面上，走道上的疏散指示标志灯间距不宜大于20m。

室外安装的灯具，距地面的高度不宜小于3m；当在墙上安装时，距地面的高度不应小于2.5m。

灯具不得直接安装在可燃构件上；当灯具表面高温部位靠近可燃物时，应采取隔热、散热措施。

在危险性较大及特殊危险场所，当灯具距地面高度小于2.4m时，应使用额定电压为36V及以下的照明灯具，或采取保护措施。

3.2　照明施工要求与配合

3.2.1　配电线路施工与配合

根据建筑装饰装修工程建设中的工期进度，应抓住以下几个环节：

（1）前后工序之间的协调与配合

各施工队不能只注重本工种的进度，而忽视各专业交界面的施工。要通过良好的协调，使各工种施工队相互配合，交错施工。

下面以布管和穿线两个前后工序为例加以说明：

1）配合混凝土结构施工时，根据设计图在梁、板、柱中预下过管及各种埋件。在配合砖结构施工时，预埋大型埋件、角钢支架及过管。

2）在装修前根据土建水平线及抹灰厚度与管道走向，按设计图进行弹线，预设埋件、安装支架。

3）喷浆完成后才能进行管路及各种盒、箱安装，施工时应防止管道污染。

4）集中扫管后要及时办理交接手续，后一工序不能借故拖延。在已办理交接手续后，若发现遗漏或少做的管、盒，只要是图纸上有的，前一工序就应该补做。前后工序要顾全大局，互相体谅。

5）现场督促补管

在穿线过程中，经常会遇到管路不通和漏做管、盒的问题，为此，尽量要求穿线方将不通的和漏做的管、盒一次查清，搞准位置。并及时组成一个由双方参加的临时小组，专门处理补管事宜，防止出现互相指责，推诿的局面。

6）耐心磨合，交错施工

跨专业之间的施工、调试，需要仔细安排，早作分析，协调进行。检查落实每一步琐碎的施工工序，做到各专业施工逐步适应计划，以期达到较好的磨合，得到较高的质量保证。

（2）输配电施工时的配合

输配电工程是个专业性很强，十分重要的关键环节。在作业面宽、工程繁杂的情况下，一定要抓住这个重点。施工人员要善于认真学习，认真分析工程实际，坚持有事报告的制度，要合力解决关键性技术和质量问题，避免在施工中出现差错。

1）配电装置

配电装置是电气工程的核心，它如同人的心脏，一旦出了毛病，设备就无法正常工作。为此，从设备进货到安装调试，都要毫不放松，严格按规范验收和按图纸施工。大楼内变压器、高压开关柜、低压开关柜等设备都要认真检查。低压开关柜内回路开关的动作整定电流与设计是不是相符，供货的开关大小是否满足要求等。施工中不能有半点马虎。在安装、监理过程中应仔细检查，核对图纸，消除事故隐患。

2）电力电缆

电力电缆是输送电能的载体，若质量不高，就会造成火灾等事故。工程中使用的电缆绝大多数是沿竖井、桥架和沟道铺设，电缆集中、数量多，线径规格不一，还有三芯、五芯电力电缆之分。如不分门别类，严格审查，就会出现施工混乱。要注意电力电缆的质量，防止以次充好，以免造成运行中电缆过热、发生危险的现象。

电缆敷设前，应复验电缆敷设表中的型号、规格、长度与供货单位提供的电缆型号、规格、盘数及长度，列出电缆分割表。要按先大后小、先长后短的原则施工，提高每盘电缆的利用率，降低工程成本消耗。管道竖井内垂直电缆敷设应采用终端头牵引和中间夹具牵引相结合的方法，并对钢丝绳、滑车夹紧螺丝等进行严格计算，电缆安装要采取电缆轧头和单支撑螺钉固定的方式。

3）配电箱

配电箱是电力负荷的直接控制器。要使工程中的照明以及弱电负荷能正常工作，配电箱的工作性能至关重要。工程中配电箱型号复杂、数量多。还有一些配电箱受消防、安全等楼宇智能化弱电系统的控制,由于箱内原理复杂,还会造成设计修改通知单增加,配电箱内的设备和回路修改多的情况。若施工单位在安装时只顾对号入座而不仔细地进行技术审核,注意图纸修改的情况,就满足不了最终的要求。甲方、监理方应对现场的配电箱按设计修改通知单逐一核对,纠正开关容量偏大或偏小、回路数不够的错误。电气设备的上下级容量配合是相当严格的,若不符合技术要求,势必造成系统运行不合理、供电可靠性差,埋下事故的隐患。

(3) 安装供电线路时的配合

1) 剔槽打洞时,不要用力过猛,以免造成墙面周围破碎。洞口不能剔得过大、过宽,不要造成土建结构缺陷。

2) 管路敷设完后应立即进行保护,朝上的管口容易掉进杂物,因此,应及时将管口封堵好。其他工种作业时,应注意不要碰损敷设完的管路,以免造成管路堵塞。

3) 在加气混凝土板内剔槽敷管时,只允许沿板缝剔槽,不允许剔横槽及剔断钢筋,同时剔槽的宽度不得大于管外径的1.5倍。在混凝土板、加气板上剔洞时,注意不要剔断钢筋,剔洞时应先用钻打孔,再扩孔,不能用大锤由上往下猛砸孔洞。

4) 配合土建浇灌混凝土时,应派人看护,以防止管路位移或受机械损伤。

5) 电线与暖气、热水、煤气管之间的平行距离不应小于300mm,交叉距离不应小于100mm。施工中发现类似情况,要及时报告或与相关工种联系妥善解决。

(4) 重视接地问题

1) 现代建筑有很多接地系统,如:电力系统的接地、防雷接地、电子设备接地、自动防火系统接地、电视系统接地、电话系统接地、自动化系统的接地等。在现代建筑中,特别是框架结构形式的建筑和高层建筑中,要把这些接地系统真正分开是难以做到的。有鉴于此,国家规定:电子设备接地宜与防雷接地系统共用接地。但此时接地电阻不应大于1Ω。若与防雷接地系统分开,两接地系统的距离不宜小于20m。当采用共同接地时,应用专用接地干线由消防控制室接地板引至接地体。

所以,各系统的接地宜共用接地体,但不能共用接地线,而且应优先利用建筑物的基础钢筋。正确的做法是,在各接地系统利用建筑物基础钢筋共用接地时,各接地系统均应分别用一根 BV – 25mm^2 铜芯线穿 PVC20 直引至基础,并与基础内的主钢筋进行可靠连接。

2) 接地标准参考:上海住宅供电系统规定采用 TT 系统接地型式,并进行总等电位连接;供电局三相四线进户,每幢建筑物单独设置专用接地线(PE 线)。在每幢建筑物的进户处设置一组接地极和母线相连,其接地电阻不得大于4Ω。防雷接地和电气系统的保护接地是分开设置的,防雷接地电阻不得大于100Ω。

(5) 尽可能保留余地

住宅电气设计应该着眼于未来的发展,要适应 21 世纪的用电水平,电气线路容量(配电回路数、导线截面、插座数量、开关容量等)的设计,应留有裕量,一般新建住宅的设计寿命为 50 年,因此电气设计至少要考虑到未来二三十年负荷增长的需要。住宅楼电气线路设计绝大多数采取暗管,如果考虑到造价,电源线的线径不增加,那么敷设的暗管可加大 1~2 档管径。对室内的分支线路,在考虑未来的增长需要时,有些国家运用嵌墙安装的线槽，这种线槽如果和室内的护墙板配合，既可作为保护墙面的装饰，又可在此线槽内任意增加分支回路及在线槽上任意设置终端电器。

导线线径加大和分支回路增加，不仅仅是考虑未来发展的需要，更重要的是提高住宅电气安全水平，避免电气火灾和其他电气事故。如果配电回路少，每个回路的负荷电流增加，会导致线路发热加剧和端电压降低，影响家用电器的性能和寿命。导线的使用寿命与工作温度成反向关系，例如允许工作温度为70℃的塑料导线，其工作温度每超过8℃，使用寿命将减少一半左右，导致短路和火灾增多。下面是一些国家和地区的住户进线标准：香港为16mm^2，日本为14mm^2，美国为25~50mm^2。

3.2.2 照明电气施工与配合

（1）照明电气工程施工与装修工程在时间进度上要有良好的配合，要在土建工程完全结束以后，与装饰工程同步进行，照明电气安装应避免在装饰工程完全结束以后，造成施工的困难或收尾工作被动。

（2）对于在施工中认为必须要修改设计文件的项目，要提前通知甲方和设计人员同意，并办理工程洽商后再进行施工，不要擅自处理。

（3）工程中如有变更时，先洽商后施工；设计变更、修改、增补时，应在甲方主持下出正式变更书后再施工。

（4）坚持检查制度的落实。要坚持严格的技术、质量验收制度，施工前要做技术交底，施工后要检查验收。

（5）价值较高的灯具等物品遭到损坏的，要分清责任，如果责任不在施工方，应立即通知监理公司现场取证，分清责任人及赔偿金额，为不影响工程进度，其他项目应即时恢复工作。

（6）严格质量监控。电气施工安装中，管理人员只有努力提高自身的素质和专业能力，才能做好质量监控。要做到熟记规范，严格把好质量关。

电气施工质量规范条框较多。操作人员要结合工程实际，边干边学，不断积累，牢记规范条例。工作中，一定要有强烈的事业心和责任感，仔细认真，勤动笔头，不怕麻烦，深入现场，拉下面子，进行严格的质量管理。材料的质量和性能是施工质量好坏的关键，要始终把材料设备质量的监控贯穿于工程建设的全过程。只有严禁伪劣产品用于工程，才能保证电气施工工程的安全合格。

3.3 照明工程质量标准及验收

认真阅读照明施工图是做好质量监控和验收的前提。照明施工图图纸是施工阶段的前提和依据，只有详细消化图纸内容，对工程每一系统做到心中有数，才能在现场发现问题和纠正错误，做到对工程质量的预控。在电气施工前的每一阶段，都要仔细地审图和校对，特别是对每一份设计修改通知单，都要认真地进行管理，逐一描绘到蓝图上。只有利用这样的修改后的蓝图，进行工程质量的监控，才能纠正错误，保证系统的安全性、正确性和安全可靠性。

要实现质量目标的预控。在电气质量监控中，确定配电装置、电力电缆、配电箱三个重点设备和穿管、补管、交接等重点协调环节，明确关键，制订措施，根据规范进行超前监控，达到对工程质量的预控。其次，必须在监控好重点环节后以点带面，启动整个系统工程的质量监控。电气工程除了设备材料的施工质量外，系统的功能也是重要一环。在知识经济、信息技术高度发展的时代，先进的设备不断出现，功能不断增强，而同一产品，功能的差异往往造成价格的明显不同。所以，在监控中，一定要仔细推敲，严格管理，实现系统应具备的功能。

3.3.1 照明工程质量标准

（1）灯具

1）电照明装置的安装是按设计进行施工的。当修改设计时，已经过原设计单位同意。

2）采用的设备、器材及其运输和保管应符合国家现行标准的有关规定；设备和器材有特殊要求时，应符合产品技术文件的规定。

3）当在砖石结构中安装电气照明装置时，是采用预埋吊钩、螺栓、螺钉、膨胀螺栓、尼龙塞或塑料塞固定；未曾使用木楔。上述固定件的承载能力与电气照明装置的重量相匹配。

4）电气照明装置的接线牢固，电气接触良好；需接地或接零的灯具、开关、插座等非带电金属部分，有专用接地螺钉。

5）灯具及其配件齐全，无机械损伤、变形、油漆剥落和灯罩破裂等缺陷。根据灯具的安装场所及用途，引向每个灯具的导线线芯最小截面符合表2-28的规定。

接灯具导线线芯最小截面　　　　　　　表2-28

灯具的安装场所及用途		线芯最小截面（mm^2）		
		铜芯软线	铜线	铝线
灯头线	民用建筑室内	0.4	0.5	2.5
	工业建筑室内	0.5	0.8	2.5
	室外	1.0	1.0	2.5
移动用电设备的导线	生活用	0.4	—	—
	生产用	1.0	—	—

6）灯具未直接安装在可燃构件上；当灯具表面高温部位靠近可燃物时，已采取隔热、散热措施。螺口灯头的相线已接在中心触点的端子上，零线接在螺纹的端子上。灯头的绝缘外壳没有破损和漏电。对带开关的灯头，开关手柄没有裸露的金属部分。

7）对装有白炽灯泡的吸顶灯具，灯泡不能紧贴灯罩；吊链灯具的电线不应受到拉力，灯线应与吊链编叉在一起。软线吊灯的软线两端应作保护扣；两端芯线应搪锡。灯具固定牢固可靠。每个灯具固定用的螺钉或螺栓不少于2个（当绝缘台直径为75mm及以下时，可采用1个螺钉或螺栓固定）。公共场所用的应急照明灯和疏散指示灯，有明显的标志。

36V及以下照明变压器的安装应符合下列要求：电源侧应有短路保护，其熔丝的额定电流不应大于变压器的额定电流。外壳、铁芯和低压侧的任意一端或中性点，均应接地或接零。

8）嵌入顶棚内的装饰灯具的安装符合下列要求：灯具应固定在专设的框架上，导线不应贴近灯具外壳，且在灯盒内应留有余量，灯具的边框应紧贴在顶棚面上。矩形灯具的边框宜与顶棚面的装饰直线平行,其偏差不应大于5mm。日光灯管组合的开启式灯具,灯管排列应整齐,其金属或塑料的间隔片不应有扭曲等缺陷。

9)固定花灯的吊钩,其圆钢直径不小于灯具吊挂销、钩的直径,且不得小于6mm。对大型花灯、吊装花灯的固定及悬吊装置,按灯具重量的1.25倍已做过载试验。安装在重要场所的大型灯具的玻璃罩,按设计要求采取了防止碎裂后向下溅落的措施。

霓虹灯的安装应符合下列要求:灯管应完好,灯管应采用专用的绝缘支架固定,且牢固可靠。专用支架可采用玻璃管制成。固定后的灯管与建筑物、构筑物表面的最小距离不宜小于20mm。霓虹灯专用变压器所供灯管长度不应超过允许负载长度。霓虹灯专用变压器的安装位置宜隐蔽,且方便检修,但不宜装在吊平顶内,并不宜被非检修人员触及。明装时,其高度不宜小于3m;当小于3m时,应采取防护措施;在室外安装时,应采取防水措施。霓虹灯专用变压器的二次导线和灯管间的连接线,应采用额定电压不低于15kV的高压尼龙绝缘导线。

10)电气照明装置施工结束后,已对施工中造成的建筑物、构筑物局部破损部分修补完整。

(2)插座

插座的安装高度应符合设计的规定,当设计无规定时,应注意下列要求:

1)托儿所、幼儿园及小学校距地面高度插座的安装高度不宜小于1.8m。地插座应具有牢固可靠的保护盖板,盖板端正,安装牢固。

2)插座的接线应符合下列要求:单相两孔插座,面对插座的右孔或上孔与相线相接,左孔或下孔与零线相接;单相三孔插座,面对插座的右孔与相线相接,左孔与零线相接。

3)当交流、直流或不同电压等级的插座安装在同一场所时,有明显的区别,且选择了不同结构、不同规格和不能互换的插座,其配套的插头,按交流、直流或不同电压等级区别使用。同一场所的三相插座,其接线的相位一致。在潮湿场所,要采用密封良好的防水防溅插座。

(3)开关

1)安装在同一建筑物、构筑物内的开关,采用同一系列的产品,开关的通断位置应一致,且操作灵活、接触可靠。

2)开关安装的位置便于操作,并列安装的相同型号开关距地面高度一致,高度差不大于1mm;同一室内安装的开关高度差不大于5mm。

3)相线进入开关。

3.3.2 照明工程验收

照明工程验收可分几方面进行验收,第一是照明质量,第二是电气安装质量,第三是施工文件。

(1)照明质量

1)为保证电气照明装置施工质量,确保安全运行,可按照《电气照明装置施工及验收规范》GB 50259—96对电气照明装置安装工程进行验收。

2)应严格按标准的有关规定进行验收,如照度、眩光度等,对属于强制性的LPD(照明功率密度)指标,不仅要审查LPD的数值,更要注意是否是在标准照度值误差范围内的 LPD 值，促使设计人员进行照明计算，拿出可以符合标准的计算依据。

3）在实施绿色照明方面，重点是在光源和镇流器两个方面。对采用低显色指数、低效率的普通荧光灯和采用传统型电感镇流器的，是与节能相违背，应坚决给予制止。

（2）电气安装质量

工程交接验收时，应对下列项目进行检查：

1）各种规定的距离。包括并列安装的相同型号的灯具、开关、插座及照明配电箱（板），其中心轴线、垂直偏差、距地面高度、与设计要求的偏差。

2）各种支持件的固定，如大型灯具的固定及防振措施。一般灯具、暗装开关、插座的面板，盒（箱）的固定及其与周边的间隙情况。

3）明配管的弯曲半径，盒（箱）设置的位置。

4）明配线路安装的允许偏差是否超标。

5）导线的连接电阻和绝缘电阻是否符合规范要求。

6）非带电金属部分的接地或接零是否良好。

7）黑色金属附件防腐情况。

8）施工中造成的孔、洞、沟、槽的修补情况。

（3）施工文件

工程在交接验收时，应提交下列技术资料和文件：

1）竣工图。

2）设计变更的证明文件。

3）安装技术记录（包括隐蔽工程记录）。

4）各种试验记录。包括灯具程序控制记录和大型、重型灯具的固定及悬吊装置的过载试验记录。

5）主要器材、设备的合格证。

思考题与习题

1. 已知 $I = 50\sin(314t + 60^0)$ A，求：I_m、I、ω、f、T 和 ϕ。当 $t = 0.01S$ 时，i 的大小。何时第一次出现零值？何时第一次出现最大值？

2. 某办公楼由单相交流电供电，电源电压为220V，全楼用电设备如下：使用功率为36W的传统日光灯100盏，功率因数为0.5；功率为40W的白炽灯30盏；功率为300W的电脑20台，空调15台，每台功率1.5kW，电源插座20个，每个按200W计算。若需要系数按0.9计算，问总电源线至少应承受多大的电流。

3. 照明方式有几种？如何根据工作性质与工作地点的分布正确选择照明方式？

4. 照明质量评价因素主要有哪几项？

5. 叙述荧光灯的发光原理，影响荧光灯发光效率的因素有哪些？

6. 三基色稀土荧光灯有什么优点？说说你对各系列直管荧光灯的认识。

7. 简述金属卤化物灯的发光原理，它有什么优点？

8. 发光二极管（LED）是靠什么原理工作的？其发展前景如何？
9. 试述电光源选用的原则。
10. 某大楼外立面有额定电压为220V的照明器8只，其中6只各为1kW，2只各为3kW，功率因素均为0.8。由380/220V三相电源供电。试合理分配照明器于各相电源上，并求各相电流的大小。
11. 照明设计步骤有哪些？
12. 照明目的是什么？有哪几种类型？
13. 商业照明的任务是什么？需要把握哪些要素？
14. 试为长13m、宽5m、吊顶高3.2m（吊顶平均反射比为0.7，可暗装灯具）的会议室布置照明，设桌高为0.8m，墙面（无窗）平均反射比为0.5，地面平均反射比为0.2，现拟采用YGl—1型28W荧光灯照明，设灯具功率因素为0.7，总光损失系数为0.77，照度定为300lx。要求画出照明平面图，并估算电流的大小（28WT5荧光灯管的光通量取为2800lm，电子镇流器耗电2W）。
15. 完整的电气施工图应该有几个部分？它们各自的任务是什么？
16. 当线路进行暗管敷设时，应该注意哪些问题？
17. 导线的连接的基本要求是什么？
18. 塑料护套线敷设要注意什么问题？
19. 如何进行照明电气施工的配合？
20. 照明工程质量标准有哪些方面？
21. 照明工程验收要注意什么问题？
22. 电气照明装置工程质量有什么问题应该注意？
23. 在对电气安装质量进行工程交接验收时，应对哪些项目进行检查？

单元3 实 训 项 目

实训项目1 采 光 设 计

1.1 实 训 目 的

(1) 熟悉采光计算的计算步骤;
(2) 学会采光计算的方法;
(3) 根据采光计算结果,适当调整设计,绘制平面及剖立面图。

1.2 预 习

(1) 了解采光计算的步骤;
(2) 熟悉采光计算的方法。

1.3 采光计算与采光设计

举例:某位于北京地区的会议室,房间长30m,进深15m,柱距6m,南北向布置,顶棚高4.2m。拟采用非对称双侧采光方式,北向用双层铝合金窗;南向用单层中空普通玻璃窗,室外无建筑物遮挡,也无外挑构件挡光,室内各表面反射比加权平均值 $\bar{\rho}=0.5$。试作采光设计。剖面简图见图3-1。

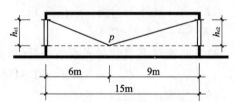

图3-1 北京某会议室剖面简图

1.3.1 采光计算

(1) 确认采光等级标准:

查表1-2,会议室应为Ⅲ级采光等级,采光标准为采光系数最低值2%;查表1-7,窗地面积比估算值为1/5。

(2) 估算窗洞口面积:

$$A_d = 30 \times 15 = 450 m^2$$
$$A_c' = A_d \times 1/5 = 450 \times 1/5 = 90 m^2$$

(3) 窗洞口面积分配:

综合采光朝向及冬季保暖需要,宜增大南向窗面积,北向与南向窗面积比拟采用1:1.5,即为:北向窗面积36m²,南向窗面积54m²。

(4) 确定窗洞高与洞宽尺寸:

由于顶棚高为4.2m,故窗高最高只能用到3.0m。为此,南北向窗高均用3m。此时,进深与窗高之比,即:$B/h_c = 15 \div 2 \div 3 = 2.5$,此值已偏大,故利用朝向系数适当加大南向窗面积对采光和保暖均是有利的。为了便于计算,按6m柱距为一个单元,计算两面窗宽:

北向窗宽：　　　　　　　　$36 \div 5 \div 3 = 2.4m$
南向窗宽：　　　　　　　　$54 \div 5 \div 3 = 3.6m$

（5）校验窗地面积比是否满足标准的要求：

$$(A_{c1} + A_{c2})/A_d = (2.4 \times 3 + 3.6 \times 3)/(6 \times 15) = 1/5$$

满足标准对窗地面积比 1/5 的要求。

（6）确定采光计算点 P：

$$B_1 = \frac{A_{c1}}{\frac{A_c}{A_d} \times l} = \frac{2.4 \times 3}{\frac{1}{5} \times 6} = 6m$$

$$B_2 = 15 - 6 = 9m$$

（7）求北向窗洞口采光系数：

查图 1-54，$l \geq 4b$ 曲线，当 $B_1/h_{c1} = 6/3 = 2$ 时，$C'_{d1} = 3.4\%$。

（8）求北向窗对点的采光系数最低值：

依据 $C_{min} = C'_{d1} \times K'_\tau \times K'_\rho \times K_w \times K_c$ 公式

$$C'_{d1} = 3.4\%$$

$$K'_\tau = \tau \times \tau_c \times \tau_w = 0.64 \times 0.60 \times 0.9 = 0.3456$$

式中　τ——查表 1-9，按双层隔热玻璃取 0.64；
　　　τ_c——查表 1-10，双层铝窗，取 0.60；
　　　τ_w——查表 1-11，清洁，取 0.90；
　　　K'_ρ——室内反射增量，查表 1-12，当 $\bar{\rho} = 0.5$ 时，双侧采光 $B_1/h_{c1} = 2$ 时，$K'_\rho = 1.65$；
　　　K_w——室外无遮挡，取值为 1；
　　　K_c——$2.4/6 = 0.4$。

故北向窗对 P 点的采光系数最低值为：

$$C_{min} = 3.4\% \times 0.3456 \times 1.65 \times 1 \times 0.4 = 0.776\%$$

（9）求南向窗洞口采光系数：

查图 1-54，$l = 3.3b$（内插），当 $B_2/h_{c2} = 9/3 = 3$ 时，$C'_{d2} = 1.4\%$

（10）求南向窗对 P 点的采光系数最低值：

依据 $C_{min} = C'_{d2} \times K'_\tau \times K'_\rho \times K_c \times K_f$ 公式

$$C'_{d2} = 1.4\%$$

$$K'_\tau = \tau \times \tau_c \times \tau_w = 0.81 \times 0.75 \times 0.9 = 0.547$$

式中　τ——查表 1-9，中空玻璃为 0.81；
　　　τ_c——查表 1-10，单层铝窗为 0.75；
　　　τ_w——查表 1-11，垂直，清洁为 0.90；
　　　K'_ρ——室内反射增量、查表 1-12，当 $\bar{\rho} = 0.5$ 时，双侧采光 $B_2/h_{c2} = 3$ 时 $K'_\rho = 2.10$。

$$K_c = 3.6/6 = 0.6；$$

　　　K_f——晴天方向系数、北纬 40°、南向 1.55；

把数据代入上述公式得：

$$C_{min} = 1.4\% \times 0.547 \times 2.1 \times 0.6 \times 1.55 = 1.496\%$$

全阴天时：$C_{min} = 1.4\% \times 0.547 \times 2.1 \times 0.6 = 0.965\%$

（11）南北向窗共同对户点起作用的采光系数最低值：
C_{min} = 0.776% + 0.965% = 1.741%（全阴天时）

（12）结论：晴天时满足本标准采光系数最低值2%的要求；阴天时，不满足本标准采光系数最低值要求。

1.3.2 平面及剖面图设计

根据上述采光计算结果，适当调整设计（如调整室内反射增量等），绘制平面及剖立面图（如图3-2所示）。

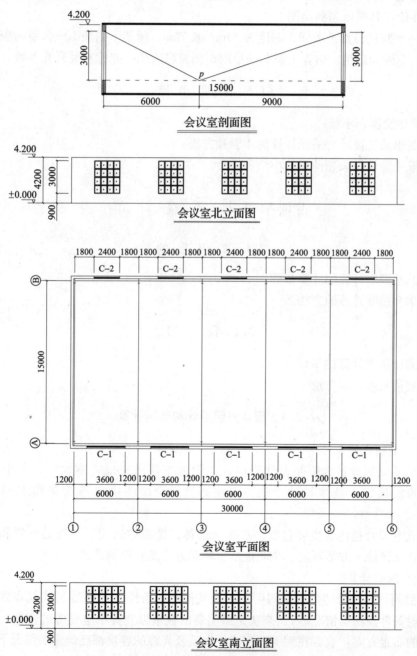

图3-2 会议室平面及剖立面图

从前面的叙述和例题中可以看出,"标准"推荐的采光计算方法有他的局限性:只适用于阴天,只适用于水平工作面,只适用于计算室内某一点的采光系数最低值或整个室内的采光系数平均值。当使用要求或条件不符合上述情况时,可用其他方法(例如计算机的相应软件)进行计算。

1.4 思 考 题

(1) 某会议室平面为5m×7m,净空高度为3.6m,采光要求Ⅱ级,估算出需要的窗口面积,并绘出其平面和剖面图。

(2) 一单跨机械加工车间,跨度为30m,长72m,屋架下弦高10m,室内表面反光情况属中等,室外无遮挡,估算出需要的单层钢侧窗窗面积,并验算其采光系数。

1.5 实 训 小 结

每个学生交实训小结:
(1) 写出采光设计与采光计算的步骤和方法;
(2) 采光设计与采光计算的小结和体会。

实训项目2 照 度 计 算

2.1 实 训 目 的

(1) 熟悉照度计算的计算步骤。
(2) 学会照度计算的方法。

2.2 预 习

(1) 阅读照度计算的步骤
(2) 阅读照度计算方法

2.3 照明光照设计和照明计算

2.3.1 照明光照设计

(1) 照明光照设计为扩初设计阶段,该阶段主要是完成方案设计,其中包括灯具种类和数量的确定,整体设计方案、灯位布置图、照明供电系统图和工程造价、预算等。

(2) 光照设计的内容主要包括,照度的选择,光源的选用、灯具的选择和布置、照明计算,眩光评价、方案确定、照明控制策略和方式及其控制系统。

2.3.2 照明计算

(1) 照明计算的目的是根据照明需要及其他已知条件(照明器型式及布置、房间各个面的反射条件及污染情况等),来决定照明器的数量以及其中电光源的容量,并据此确定照明器的布置方案;或者在照明器型式、布置及光源的容量都已确定的情况下,通过进行照明计算来定量评价实际使用场合的照明质量。

（2）照明计算是照明光照设计的主要内容之一，它包括照度计算、亮度计算、眩光计算等。照明计算是正确进行照明设计的重要环节，是对照明质量作定量评价的技术指标。亮度计算和眩光计算比较复杂，在实际照明工程设计中，照明计算常常只进行照度计算，但当对照明质量要求较高时，都应该进行计算。

（3）照度计算的基本方法有利用系数法、概算曲线法、逐点计算法和单位容量法等。利用系数法、概算曲线法和单位容量法主要用来计算工作面上的平均照度；逐点计算法主要用来计算工作面任意点的照度。

2.4　学校教室照明设计

2.4.1　教室环境特点及照明要求

教室照明的目的是为师生的教学活动创造出良好的照明环境。在照明设计中考虑的主要因素：

（1）应具备足够的照度和良好的亮度比，降低学生的视觉疲劳，防止产生近视。

（2）有利于学生集中注意力，提高学生效率。

（3）便于教师的授课活动和对整个教室的注意，提高教学效果。

（4）创造良好照明环境可维护师生身体健康。

2.4.2　教室的照度标准和照明质量

（1）教室的照度标准应符合国家现行规范标准。

（2）教室的学习环境必须保证足够高的照度来满足长时间阅读的视觉工作需求。

（3）应严格限制眩光，特别是教室灯具产生的光幕反射眩光和黑板产生的反射眩光。

（4）应充分考虑并平衡单侧采光教室的照度均匀度。

2.4.3　灯具选择

（1）教室灯具采用有一定保护角、效率不低于75%的直接型配光灯具，并采用光效高、光色好、寿命长，能耗小的荧光灯作光源。

（2）宜采用蝙蝠翼配光的荧光灯灯具，能获得均匀的照度分布，降低眩光，特别是光幕反射干扰，提高了灯具输出光通的利用率。

2.4.4　灯具布置

灯具的布置视教室的大小和课桌的排列方向来定，一般灯具的长轴方向与学生视线方向平行布置，它有以下优点：

（1）照度均匀，光幕反射轻。

（2）对保护角小的灯具，可减少直射眩光。

（3）设置灯光与天然光的投射方向一致，作为辅助照明效果好，并能避免产生阴影。

（4）灯具方位与学生主视线方向相同，空间方向感好，并容易把注意力集中到黑板上。

（5）能亮度分布均匀合理。

2.4.5　黑板照明

黑板是垂直放置的，教室的一般照明不能为黑板提供所需要的垂直照度，因此需要对黑板设置专用灯具来照明，黑板照明要求如下：

(1) 为使学生能看清楚黑板内容，应尽量消除黑板产生的光幕反射。

(2) 学生不会受到黑板灯具直射眩光的干扰。

(3) 上课教师不会受到黑板灯具直射眩光的干扰。

(4) 确保黑板有足够的垂直照度和良好的均匀度，要求边缘亮度不低于中心亮度的1/3。

(5) 黑板灯具安装位置如图3-3所示。

为避免黑板灯具出射光经黑板反射进入学生视线，引起光幕效应，灯具与黑板的水平距离应在 L_1 之内。人眼视线范围可达水平线以上45°区域，为了避免黑板灯具对教师构成的直接眩光，灯具与黑板的水平距离不能大于 L_2。此外，经过计算可以得到，为了确保黑板照明有足够的均匀度，灯具光轴最好以55°角入射到黑板的下端。

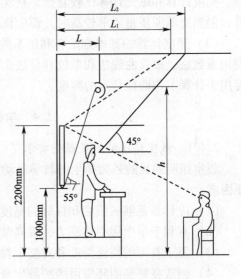

图3-3 黑板灯具安装位置示意图

(6) 黑板照明灯具的位置，见表3-1所示。

黑板灯安装位置的确定（m） 表3-1

黑板灯距地高度（m）	2.3	2.5	2.7	2.9	3.1	3.3	3.5	3.7	3.9	4.1
黑板灯距黑板的水平距离（m）	0.4	0.53	0.67	0.8	0.95	1.09	1.23	1.37	1.5	1.65

为满足提高黑板照度均匀度要求，黑板照明灯宜采用现场可调灯具，以便灵活地调整、使用。

(7) 黑板照明灯具数量，可参考表3-2进行选择。

黑板照明灯具数量选择参考表 表3-2

黑板宽度（m）	30~36W单管专用荧光灯（套）
3~3.6	2
4~5	3

2.4.6 室内装修

(1) 教室内各表面应采用浅色装修，宜为无光泽材料，其各表面的反射系数可参考表3-3进行选择。

(2) 各表面颜色如下：

1) 顶棚：白色。

2) 墙面：高年级教室为浅蓝、浅绿、白色等。

教室内各表面反射系数值　　　　　　　　表 3-3

表面名称	反射系数（%）	表面名称	反射系数（%）
顶棚	60~90	侧墙、后墙	30~80
前墙	30~80	课桌面	20~60
地面	10~50	黑板面	15~20

低年级教室为浅黄、浅粉红色等。

成人用教室为白色、浅绿色等。

3) 地面：不刺眼、耐脏的颜色。

4) 黑板：无光的绿色。

2.5　教室照度计算

2.5.1　教室照度计算采用平均照度计算，也就是利用系数法计算

利用系数法是按照光通量进行照度计算的，故又称流明计算法（或流明法）。它是根据房间的几何形状、照明器的数量和类型来确定工作面平均照度的计算法。流明法既要考虑直射光通量，也要考虑反射光通量。

（1）基本计算公式

落到工作面上的光通量可分为两个部分，一是从灯具发出的光通量中直接落到工作面上的部分（称为直接部分）；另一部分是从灯具发出的光通量经室内表面反射后最后落到工作面上的部分（称为间接部分）。两者之和为灯具发出的光通量中最后落到工作面上的部分，该值与工作面的面积之比，则称为工作面上的平均照度。若每次都要计算落到工作面上的直接光通量，则计算变得相当复杂。为此，人们引入了利用系数的概念，即事先计算出各种条件下的利用系数，提供设计人员使用。

1) 利用系数　对于每个灯具来说，由光源发出的额定光通量与最后落到工作面上的光通量之比值称为光源光通量利用系数（简称利用系数），即

$$U = \frac{\Phi_f}{\Phi_s} \quad (3-1)$$

式中　U——利用系数；

　　　Φ_f——由灯具发出的最后落到工作面上的光通量（lm）；

　　　Φ_s——每个灯具中光源额定总光通量（lm）。

2) 室内平均照度　有了利用系数的概念，室内平均照度可根据以下公式进行计算：

$$E_{av} = \frac{\Phi_S NUK}{A} \quad (3-2)$$

式中　E_{av}——工作面平均照度（lx）；

　　　N——灯具数；

　　　A——工作面面积（m²）；

　　　K——维护系数，查表 3-4。

维护系数 表3-4

环境污染特征		房间或场所举例	灯具最少擦拭次数（次/年）	维护系数值
室内	清洁	卧室、办公室、餐厅、阅览室、教室、病房、客房、仪器仪表装配间、电子元器件装配间、检验室等	2	0.80
	一般	商店营业厅、候车室、影剧院、机械加工车间、机械装配车间、体育馆等	2	0.70
	污染严重	厨房、锻工车间、铸工车间、水泥车间等	3	0.60
室外		雨蓬、站台	2	0.65

3）维护系数 考虑到灯具在使用过程中，因光源光通量的衰减、灯具和房间的污染而引起照度下降。

（2）利用系数法

室形指数、室空间比是计算利用系数的主要参数。

1）室形指数

室形指数是用来表示照明房间的几何特征，是计算利用系数时的重要参数。

室形指数（RI）可通过下列方式求取

矩形房间
$$RI = \frac{lw}{h(l+w)} \tag{3-3}$$

正方形房间
$$RI = \frac{a}{2h}$$

圆形房间
$$RI = \frac{r}{h} \tag{3-4}$$

式中 l——房间的长度（m）；
w——房间的长（宽）度（m）；
a——房间的宽度（m）；
r——圆形房间的半径（m）；
h——灯具开口平面距工作面的高度（m）。

为便于计算，一般将室形指数划分为0.6、0.8、1.0、1.25、1.5、2.0、2.5、3.0、4.0、5.0等10个级数。采用室形指数进行平均照度计算是国际上较为通用的方法。

2）室空间比

如图3-4所示，为了表示房间的空间特征，可以将房间分成三个部分，即：

A. 顶棚空间。灯具开口平面到顶棚之间的空间。

B. 地板空间。工作面到地面之间的空间。

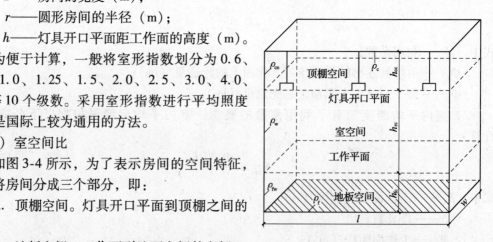

图3-4 房间的空间特性

C. 室空间。灯具开口平面到工作面之间的空间。

（A）室空间比的计算　室空间比同样适用于利用系数的计算，它用来表示室内空间的比例关系。其计算方法如下：

室空间比
$$RCR = 5h_{rc}\frac{l+w}{lw} \tag{3-5}$$

顶棚空间比
$$CCR = 5h_{cc}\frac{l+w}{lw} = \frac{h_{cc}}{h_{rc}}RCR \tag{3-6}$$

地板空间比
$$FCR = 5h_{fc}\frac{l+w}{lw} = \frac{h_{fc}}{h_{rc}}RCR \tag{3-7}$$

式中　h_{rc}——室空间的高度（m）；
　　　h_{cc}——顶棚空间的高度（m）；
　　　h_{fc}——地板空间的高度（m）。

从式（3-3）、式（3-5）可知，$RI \times RCR = 5$。 (3-8)

室空间比 RCR 亦分为 1、2、3、4、5、6、7、8、9、10 等 10 个级数。

（B）有效空间反射比　灯具开口平面上方空间中，一部分光被吸收，还有一部分光线经多次反射从灯具开口平面射出。

为了简化计算，把灯具开口平面看成一个具有有效反射比为 ρ_{cc} 的假想平面，光在这假想平面上的反射效果同在实际顶棚空间的效果等价。同理，地板空间的有效反射比可定义为 ρ_{fc}。

假如空间由若干表面组成，以 A_i、ρ_i 分别表示为第 i 表面的面积及其反射比，则平均反射比 ρ 可由下面公式求出，即

$$\rho = \frac{\sum \rho_i A_i}{\sum A_i} = \frac{\sum \rho_i A_i}{A_s} \tag{3-9}$$

式中　A_s——顶棚（或地板）空间内所有表面的总面积（m²）。

有效空间反射比 ρ_e

$$\rho_e = \frac{\rho A_0}{(1-\rho)A_s + \rho A_0} = \frac{\rho}{\rho + (1-\rho)\frac{A_s}{A_0}} \tag{3-10}$$

式中　A_0——顶棚（或地板）平面面积（m²）；
　　　ρ——顶棚（或地板）空间各表面的平均反射比。

3）室内平均照度的确定

A. 确定房间的各特征量，计算室形指数 RI 或室空间比 RCR、顶棚空间比 CCR、地板空间比 FCR。

B. 确定顶棚空间有效反射比　当顶棚空间各面反射比不等时，应该利用式（3-9），求出各面的平均反射比 ρ，然后代入式（3-10），求出顶棚空间有效反射比 ρ_{cc}。

$$\rho = \frac{\sum \rho_i A_i}{\sum A_i} = \frac{\rho_c lw + \rho_{cw}[2(lh_{cc} + wh_{cc})]}{lw + 2(lh_{cc} + wh_{cc})} = \frac{\rho_c + 0.4\rho_{cw}CCR}{1 + 0.4CCR}$$

$$\frac{A_s}{A_0} = \frac{lw + 2h_{cc}(l+w)}{lw} = 1 + 0.4CCR$$

$$\rho_{cc} = \frac{\rho}{\rho + (1-\rho)\frac{A_s}{A_0}} = \frac{\rho}{\rho + (1-\rho)(1+0.4CCR)}$$

C. 确定墙面平均反射比 由于房间开窗或装饰物遮挡等所引起的墙面反射比的变化，在求利用系数时，墙面反射比 ρ_w 应该采用其加权平均值，即利用式（3-9）求得

$$\rho = \frac{\sum \rho_i A_i}{\sum A_i}$$

D. 确定利用系数 在求出室空间比 RCR、顶棚有效反射比 ρ_{cc}、墙面平均反射比 ρ_w 以后，按所选用的灯具从计算图表中，即可查得其利用系数 U。当 RCR、ρ_{cc}、ρ_w 不是图表中分级的整数时，可从利用系数（U）表中，查接近 ρ_{cc}（70%、50%、30%、10%）列表中接近 RCR 的两个数值（RCR_1, U_1）、（RCR_2, U_2），然后采用内插法求出对应室空间比 RCR 的利用系数 U。利用系数（U）表，见表3-5。

$$U = U_1 + \frac{U_2 - U_1}{RCR_2 - RCR_1}(RCR - RCR_1)$$

利用系数（U）表   表3-5

有效顶棚反射系数 ρ_{cc}	0.70				0.50				0.30				0.10			
墙反射系数 ρ_w	0.70	0.50	0.30	0.10	0.70	0.50	0.30	0.10	0.70	0.50	0.30	0.10	0.70	0.50	0.30	0.10
空间比 RCR																
1	0.75	0.71	0.67	0.63	0.67	0.63	0.60	0.57	0.59	0.56	0.54	0.52	0.52	0.50	0.48	0.46
2	0.68	0.61	0.55	0.50	0.60	0.54	0.50	0.46	0.53	0.48	0.45	0.41	0.46	0.43	0.40	0.37
3	0.61	0.53	0.46	0.41	0.54	0.47	0.42	0.38	0.47	0.42	0.38	0.34	0.41	0.37	0.34	0.31
4	0.56	0.46	0.39	0.34	0.49	0.41	0.36	0.31	0.43	0.37	0.32	0.28	0.37	0.33	0.29	0.26
5	0.51	0.41	0.34	0.29	0.45	0.37	0.31	0.26	0.39	0.33	0.28	0.24	0.34	0.29	0.25	0.22
6	0.47	0.57	0.30	0.25	0.41	0.33	0.27	0.23	0.36	0.29	0.25	0.21	0.32	0.26	0.22	0.19
7	0.43	0.33	0.26	0.21	0.38	0.30	0.24	0.20	0.33	0.26	0.22	0.18	0.29	0.24	0.20	0.16
8	0.40	0.29	0.23	0.18	0.35	0.27	0.21	0.17	0.31	0.24	0.19	0.16	0.27	0.21	0.17	0.14
9	0.37	0.27	0.20	0.16	0.33	0.24	0.19	0.15	0.29	0.22	0.17	0.14	0.25	0.19	0.15	0.12
10	0.34	0.24	0.17	0.13	0.30	0.21	0.16	0.12	0.26	0.19	0.15	0.11	0.23	0.17	0.13	0.10

注：表中为 YG1—1 型 40W 荧光灯，$s/h = 1.0$。

E. 确定地板空间有效反射比 地板空间与顶棚空间一样，可利用同样的方法求出有效反射比 ρ_{fc}。

$$\rho = \frac{\sum \rho_i A_i}{\sum A_i} = \frac{\rho_f lw + \rho_{fw}[2(lh_{fc} + wh_{fc})]}{lw + 2(lh_{fc} + wh_{fc})} = \frac{\rho_f + 0.4\rho_{fw}FCR}{1 + 0.4FCR}$$

$$\frac{A_s}{A_0} = \frac{lw + 2h_{fc}(l+w)}{lw} = 1 + 0.4FCR$$

$$\rho_{fc} = \frac{\rho A_0}{(1-\rho)A_s + \rho A_0} = \frac{\rho}{\rho + (1-\rho)(1+0.4FCR)}$$

F. 确定利用系数的修正值　利用系数表中的数值是按 $\rho_{fc}=20\%$ 情况下计算的。当 ρ_{fc} 不是该值时，若要获得较为精确的结果，利用系数需加以修正，当 RCR、ρ_{fc}、ρ_w 不是图表中分级的整数时，可从其修正系数表中，查接近 ρ_{fc}（30%、10%、0%）列表中接近 RCR 的两个数组（RCR_1、γ_1）、（RCR_2、γ_2），然后采用内插法，求出对应室空间比 RCR 的利用系数的修正值 γ。利用系数值表，见表3-6。

$$\gamma = \gamma_1 + \frac{\gamma_2 - \gamma_1}{RCR_2 - RCR_1}(RCR - RCR_1)$$

G. 确定室内平均照度 E_{av}　　$E_{av} = \frac{\Phi_s N K \gamma U}{lw}$

地板空间有效反射系数不等于20%时对利用系数的修正表　　表3-6

有效顶棚反射系数 ρ_{cc}	0.80				0.70				0.50			0.30		
墙反射系数 ρ_w	0.70	0.50	0.30		0.70	0.50	0.30		0.50	0.30		0.50	0.30	
地板空间有效反射系数30%（$\rho_{fc}0.2=1.00$）														
空间比 RCR														
1	1.092	1.082	1.075	1.068	1.077	1.070	1.054	1.059	1.049	1.044	1.040	1.028	1.026	1.023
2	1.079	1.066	1.055	1.047	1.068	1.057	1.048	1.029	1.041	1.033	1.027	1.026	1.021	1.017
3	1.070	1.054	1.042	1.033	1.061	0.048	1.037	1.028	1.034	1.027	1.020	1.024	1.017	1.012
4	1.062	1.045	1.033	1.024	1.055	1.040	1.029	1.021	1.030	1.022	1.015	1.022	1.015	1.010
5	1.056	1.038	1.026	1.018	1.050	1.034	1.024	1.015	1.027	1.018	1.012	1.020	1.013	1.008
6	1.052	1.033	1.021	1.014	1.047	1.030	1.020	1.012	1.024	1.015	1.009	1.019	1.012	1.006
7	1.047	1.029	1.018	1.011	1.043	1.026	1.017	1.009	1.022	1.013	1.007	1.018	1.019	1.004
8	1.044	1.026	1.015	1.009	1.040	1.024	1.015	1.007	1.020	1.012	1.006	1.017	1.009	1.004
9	1.040	1.024	1.014	1.007	1.037	1.022	1.014	1.006	1.019	1.011	1.005	1.016	1.009	1.004
10	1.037	1.022	1.012	1.006	1.034	1.020	1.012	1.005	1.017	1.010	1.004	1.015	1.009	1.003
地板空间有效反射系数10%（$\rho_{fc}0.2=1.00$）														
1	0.923	0.929	0.935	0.940	0.933	0.939	0.943	0.948	0.956	0.960	0.963	0.973	0.976	0.979
2	0.931	0.942	0.950	0.958	0.940	0.949	0.957	0.963	0.962	0.968	0.974	0.976	0.980	0.985
3	0.939	0.951	0.961	0.969	0.940	0.957	0.966	0.973	0.967	0.975	0.981	0.978	0.983	0.988
4	0.944	0.958	0.969	0.978	0.950	0.963	0.973	0.980	0.972	0.980	0.986	0.980	0.986	0.991
5	0.949	0.954	0.976	0.983	0.954	0.968	0.978	0.985	0.975	0.983	0.989	0.981	0.988	0.993
6	0.953	0.969	0.980	0.986	0.958	0.972	0.982	0.989	0.979	0.985	0.992	0.982	0.989	0.995
7	0.957	0.973	0.983	0.991	0.961	0.975	0.985	0.991	0.979	0.978	0.994	0.983	0.990	0.996
8	0.960	0.976	0.986	0.993	0.963	0.977	0.987	0.993	0.981	0.988	0.995	0.984	0.991	0.997
9	0.963	0.978	0.987	0.994	0.965	0.979	0.989	0.994	0.983	0.990	0.996	0.985	0.992	0.998
10	0.965	0.980	0.989	0.995	0.967	0.981	0.990	0.995	0.984	0.991	0.997	0.986	0.993	0.998

续表

有效顶棚反射系数 ρ_{cc}	0.80			0.70			0.50		0.30	
墙反射系数 ρ_w	0.70 0.50 0.30			0.70 0.50 0.30			0.50 0.30		0.50 0.30	
地板空间有效反射系数0%（ρ_{fc} 0.2 = 1.00）										
1	0.859	0.870	0.879 0.886	0.873	0.884	0.893 0.901	0.916	0.923 0.929	0.948	0.954 0.960
2	0.871	0.887	0.903 0.919	0.886	0.902	0.916 0.928	0.926	0.938 0.949	0.954	0.963 0.971
3	0.882	0.904	0.915 0.942	0.898	0.918	0.934 0.947	0.945	0.961 0.964	0.958	0.969 0.979
4	0.893	0.919	0.941 0.958	0.908	0.930	0.948 0.961	0.945	0.961 0.974	0.961	0.974 0.984
5	0.903	0.931	0.953 0.969	0.914	0.939	0.958 0.970	0.951	0.967 0.981	0.964	0.977 0.988
6	0.911	0.940	0.961 0.976	0.920	0.945	0.965 0.977	0.955	0.972 0.985	0.966	0.979 0.991
7	0.917	0.947	0.967 0.981	0.924	0.950	0.970 0.982	0.959	0.975 0.988	0.968	0.981 0.993
8	0.922	0.953	0.971 0.985	0.929	0.955	0.975 0.986	0.963	0.978 0.991	0.970	0.983 0.995
9	0.928	0.958	0.975 0.998	0.933	0.959	0.980 0.989	0.966	0.980 0.993	0.971	0.985 0.996
10	0.933	0.962	0.979 0.991	0.937	0.963	0.983 0.992	0.969	0.982 0.995	0.973	0.987 0.997

注：地板空间有效反射系数20%的修正系数。

（3）教室照度计算

有一教室长 9.6m、宽 6.6m、高 3.6m，在离顶棚 0.5m 的高度内安装 12 盏 YG1—1 型 40W 荧光灯，课桌高度为 0.75m。教室内各表面的反射比如图 3-5 所示，试计算课桌面上的平均照度（荧光灯光通量取 3000lm，维护系数 K = 0.8）。YG1—1 型荧光灯利用系数（U）表、利用系数的修正表依次参见表 3-5、表 3-6。

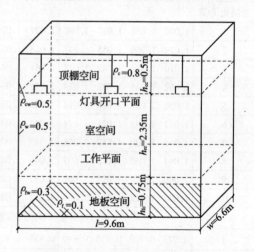

图 3-5 房间的空间特征示例

【解】 已知：$l = 9.6m$、$w = 6.6m$、$\Phi_s = 3000lm$，$K = 0.8$，$N = 12$，$h_{cc} = 0.5m$、$\rho_c = 0.8$、$\rho_{cw} = 0.5$；$h_{rc} = 2.35m$、$\rho_w = 0.5$；$h_{fc} = 0.75m$、$\rho_f = 0.1$、$\rho_{fw} = 0.3$。

1）确定室空间比 RCR、顶棚空间比 CCR、地板空间比 FCR

$$RCR = 5h_{rc}\frac{l+w}{l \times w}$$

$$= 5 \times 2.35 \times \frac{9.6 \times 6.6}{9.6 \times 6.6} = 3$$

$$CCR = \frac{h_{cc}}{h_{rc}}RCR$$

$$= \frac{0.5}{2.35} \times 3 = 0.638$$

$$FCR = \frac{h_{fc}}{h_{rc}}RCR = \frac{0.75}{2.35} \times 3 = 0.957$$

2）确定 ρ_{cc}、利用系数 U 以及 ρ_{fc}、U 的修正值 γ

A. 求解 ρ_{cc}、U，即

$$\rho = \frac{\rho_c + 0.4\rho_{cw}CCR}{1 + 0.4CCR} = \frac{0.8 + 0.4 \times 0.5 \times 0.638}{1 + 0.4 \times 0.638} = 0.739$$

$$\rho_{cc} = \frac{\rho}{\rho + (1-\rho)(1 + 0.4CCR)} = \frac{0.739}{0.73 + (1 - 0.739)(1 + 0.4 \times 0.638)} = 69.3\%$$

取 $\rho_{cc} = 70\%$，$\rho_w = 50\%$，$RCR = 3$

查表 3-5 得 $(RCR_1, U_1) = (3, 0.53)$

利用系数 $U = U_1 + \dfrac{U_2 - U_1}{RCR_2 - RCR_1}(RCR - RCR_1) = 0.53$

B. 求解 ρ_{fc}、γ，即

$$\rho = \frac{\rho_f + 0.4\rho_{fw}FCR}{1 + 0.4FCR} = \frac{0.1 + 0.4 \times 0.3 \times 0.957}{1 + 0.4 \times 0.957} = 0.083$$

$$\rho_{fc} = \frac{\rho}{\rho + (1-\rho)(1 + 0.4FCR)} = \frac{0.083}{0.083 + (1 - 0.083)(1 + 0.4 \times 0.957)} = 7.3\%$$

因为 $\rho_{fc} \neq 20\%$，则取 $\rho_{fc} = 10\%$、$\rho_{cc} = 70\%$，$\rho_w = 50\%$，$RCR = 3$

查表 3-6 得 $(RCR_1, \gamma_1) = (3, 0.957)$

利用系数的修正值 $\gamma = \gamma_1 + \dfrac{\gamma_2 - \gamma_1}{RCR_2 - RCR_1}(RCR - RCR_1) = 0.957$

C. 确定 E_{av}

$$E_{av} = \frac{\Phi_s NK\gamma U}{lw} = \frac{3000 \times 12 \times 0.8 \times 0.957 \times 0.53}{9.6 \times 6.6} = 230.55\text{lx}$$

即在桌面上产生的平均水平照度为 230.55lx。若已知教室的开窗面积，则在求墙的各表面平均反射比时，应计入玻璃反射比的影响（玻璃的反射系数大约在 8% ~ 10%），此时室内桌面的平均照度将降低。

2.5.2 单位容量法

实际照明设计中，常采用"单位容量法"对照明用电量进行估算，即根据不同类型灯具、不同室空间条件，列出"单位面积光通量（lm·m^{-2}）"或"单位面积安装电功率（W·m^{-2}）"的表格，以便查用。单位容量法是一种简单的计算方法，只适用于方案设计时的近似估算。

（1）光源比功率法　以（W·m^{-2}）来表示就是通常所说的"光源比功率法"，它是指单位面积上照明光源的安装电功率，即

$$w = \frac{nP}{A}$$

式中　w——光源的比功率（W·m^{-2}）；

n——灯具数量；

P——每个灯具的额定功率（W）；

A——房间面积（m^2）。

（2）估算光源的安装功率 表3-7给出了YG1—1型荧光灯的比功率，其他光源的比功率可参阅有关照明设计手册。由已知条件（计算高度、房间面积、所需平均照度、光源类型）可从表3-7中，查出相应光源的比功率w。因此，受照房间的光源总功率为$\sum P = nP = wA$。

YG1—1型荧光灯的比功率　　　　表3-7

计算高度/m	房间面积/m²	平均照度/lx					
		30	50	75	100	150	200
2~3	10~15	3.2	5.2	7.8	10.4	15.6	21
	15~25	2.7	4.5	6.7	8.9	13.4	18
	25~50	2.4	3.9	5.8	7.7	11.6	15.4
	50~150	2.1	3.4	5.1	6.8	10.2	13.6
	150~300	1.9	3.2	4.7	6.3	9.4	12.5
	300以上	1.8	3.0	4.5	5.9	8.9	11.8
3~4	10~15	4.5	7.5	11.3	15	23	30
	15~20	3.8	6.2	9.3	12.4	19	25
	20~30	3.2	5.3	8.0	10.8	15.9	21.2
	30~50	2.7	4.5	6.8	9.0	13.6	18.1
	50~120	2.4	3.9	5.8	7.7	11.6	15.4
	120~300	2.1	3.4	5.1	6.8	10.2	13.5
	300以上	1.9	3.2	4.9	6.3	9.5	12.6

得到：每盏灯的功率为
$$P = \frac{\sum P}{n} = \frac{wA}{n}$$

即灯具数量为
$$n = \frac{wA}{p}$$

（3）用单位容量法计算上例教室照度：

教室长9.6m，宽6.6m，高3.6m，在离顶棚0.5m的高度上安装YG1—1型40W的荧光灯，课桌高度为0.75m，教室照度为200lx，需要安装多少盏荧光灯？

【解】计算高度 $h = 3.6 - 0.5 - 0.75 = 2.35$m

教室照度 $E_{av} = 200$lx

教室面积 $A = 9.6 \times 6.6 = 63.36$W

查表3-7得　$w = 13.6$W/m²

每盏灯的功率　$P = 40$W

灯具数量　$n = \frac{wA}{P} = \frac{13.6 \times 63.36}{40}$

　　　　　　$= 21.5$盏≈ 22盏

显然用单位容量法求得的灯数比利用系数法计算的灯数要多。互相比较利用系数法计算精确。

2.5.3　教室的布灯方式确定

教室的布灯方式确定为12盏荧光灯，如图3-6所示。

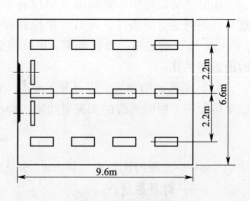

图3-6　教室灯具布置

2.6 实训小结

每个学生交实训小结：
(1) 写出照度计算步骤和方法。
(2) 照度计算的小结和体会。

实训项目3 电气照明施工图的设计与绘制

3.1 实训目的

(1) 熟悉电气照明施工图的设计规定和步骤。
(2) 学会电气照明施工图的设计与绘制。

3.2 预习

(1) 阅读电气照明施工图的设计规定和步骤。
(2) 阅读电气照明施工图的设计绘制方法。

3.3 电气照明施工图的概述

3.3.1 图纸的一般规定

(1) 图纸的格式与幅面大小

一个完整的图面由边框线、图框线、标题栏等组成。幅面的尺寸共分五类：$A_0 \sim A_4$，尺寸见表3-8。

幅图代号及尺寸（mm）   表3-8

幅面代号	A0	A1	A2	A3	A4
宽×长（$B \times L$）	841×1189	594×841	420×594	297×420	210×297
边宽（c）		10			5
装订边宽（a）			25		

(2) 图标

图标亦称标题栏，是用来标注图纸名称（或工程名称、项目名称）、图号、比例、张次、设计单位、设计人员以及设计日期等内容的栏目。

图标的位置一般是在图纸的右下方，紧靠图纸边框线。

(3) 比例

图纸上所画图形的大小与物体实际大小的比值称为比例。电气设备布置图、平面图和电气构件详图通常按比例绘制。比例的第一个数字表示图形尺寸，第二个数字表示实物为图形的倍数。例如1:10表示图形大小只有实物的十分之一。比例的大小是由实物大小与图幅号数相比较而确定的，一般在电气平面图中可选取1:50、1:100、1:150、1:200、1:300、1:500。

(4) 图纸

图纸中的各种线条均应符合制图标准中的有关要求。电气工程图中，常用的线型有：

粗实线、虚线、波浪线、点划线、双点划线、细实线。

1）粗实线：在电路图上，粗实线表示主回路。

2）虚线：在电路图中，长虚线表示事故照明线路，短虚线表示钢索或屏蔽。

3）波浪线：在电路图中，波浪线表示移动式用电设备的软电缆或软电线。

4）点划线：在电路图中，点划线表示控制和信号线路。

5）双点划线：在电路图中，双点划线表示36V及以下的线路。

6）细实线：在电路图中，细实线表示控制回路或一般线路。

（5）安装标高

在电气平面图中，电气设备和线路的安装高度是用标高来表示的。标高有绝对标高、相对标高、敷设标高三种表示法。

绝对标高是我国的一种高度表示方法，是以我国青岛外黄海平面作为零点而确定的高度尺寸，所以又可称为海拔高度。如大楼一层地坪绝对标高为5.6m，表示该一层地坪高出海平面5.6m。

相对标高是选定某一参考面为零点而确定的高度尺寸。建筑工程图上采用的相对标高，一般是选定建筑物室内一层地坪面为±0.00m，标注方法为 $\underline{\pm 0.00}$，如某设备相对室内一层地坪安装高度为5m，可标注为 $\underline{\pm 5.00}$。

在电气平面图中，还可选择每一层地坪或楼面为参考面，电气设备和线路安装，敷设位置高度以该层地坪为基准，即敷设位置高度与该层地坪的高度差。一般称为敷设标高。例某开关箱的敷设标高为 $\underline{\pm 1.30}$，则表示开关箱外壳底距该层地坪为1.30m。

3.3.2 电气符号

（1）图形符号

电气工程中设备、元件、装置的连接线很多，结构类型千差万别，安装方法多种多样。在按简图形式绘制的电气工程图中，元件、设备、装置、线路及其安装方法等，都是借用图形符号、文字符号和项目代号来表达的。

国家标准规定的《电气简图用图形符号》GB 4728—2000的有关常用电气照明符号，见表3-9。

照明用图形符号　　　　　　　　　　　　表3-9

序号	图形符号	说明
1	—/// — (1) —/3— (2) —/n— (3)	导线根数，当用单纯表示一组导线时，若需要示出导线数，可用加小短斜线或画一条短斜线加数字表示 例：(1) 表示3根 　　(2) 表示3根 　　(3) 表示n根
2	⊢——⊣ ⊢≡≡⊣ ⊢—5—⊣	荧光灯一般符号 三管荧光灯 五管荧光灯

续表

序 号	图 形 符 号	说 明
3	 ⊗	防水防尘灯
4	●	球形灯
5	◗	顶棚灯
6	 ⊗	花灯
7	 ⊖	安全灯
8	○̶ / ●̶	单极开关 暗装
9	○̶ / ●̶	双极开关 暗装
10	○̶ / ●̶	三极开关 暗装
11	⊖̶ / ◐̶	密闭（防水） 防爆
12	 ▬	照明配电箱（屏） 注：需要时允许涂红
13	⏊ / ⏊ / ⏊ / ⏊	单相插座 暗装 密闭（防水） 防爆

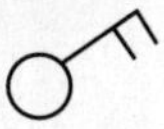

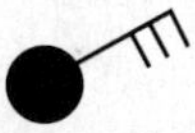

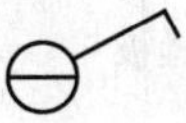

145

续表

序号	图形符号	说明
14		带保护接点插座 带接地插孔的单相插座
		暗装
		密闭（防水）
		防爆
15		带接地插孔的三相插座
		暗装
		密闭（防水）
		防爆
16	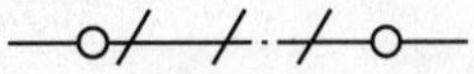 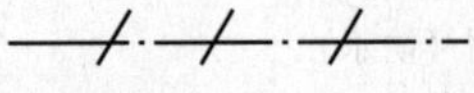	接地装置 （1）有接地极 （2）无接地极
17	N	中性线
18	PE	保护线
19	E	接地线

（2）电气照明图形符号的绘制

1）图形符号应按无电压、无外力作用时的原始状态绘制。可手工绘制也可计算机绘制，手工绘制时应按 GB 4728 中图形符号大小成比例绘出。一般图形符号的长边或直径为模数 M（2.5mm）的倍数，如 $2M$、$1.5M$、$1M$、$0.5M$。计算机绘制时，应在模数 $M=2.5mm$ 的网格中绘制。

2）图形符号可根据图面布置的需要缩小或放大，但各个符号之间及符号本身的比例应保持不变，同一张图纸上的图形符号的大小应一致，线条的粗细应一致。

3）图形符号的方位不是强制的，在不改变符号含义的前提下，可根据图面布置的需要旋转或成镜像放置，但文字和指示方向不得倒置，旋转方位是 90° 的倍数。

4）为了保证电气图用符号的通用性，一般不允许对 GB 4728 中已给出的图形符号进行修改和派生。

(3) 电气照明工程图的组成和阅读

1) 电气照明工程图的组成

A. 目录、设计说明、图例、设备材料明细表。

（A）图纸目录内容有序号、图纸名称、编号、张数等。

（B）设计说明主要内容：电气设计的依据设计规范、图册、标准、建筑特点、工程等级、工艺要求和安装方法等。

（C）图例表明本套图纸中涉及的图形符号。

（D）设备材料明细表列出该项电气工程所需要的设备和材料的名称、型号、规格和数量，供设计概算和施工预算时参考。

B. 电气照明平面图

电气照明平面图表示电气设备、装置和线路在平面图上的安装位置、安装方式、导线的走向、敷设方法，不表示电气设备的具体尺寸形状。

C. 电气照明系统图

电气照明系统图表现电源的供电方式，电能输送分配关系，不表示元件的具体安装位置、接线方法。

D. 详图

详图表现电气工程的某一部分的具体安装要求和做法。

2) 电气照明工程图的阅读

阅读建筑电气照明工程图，不但要掌握电气工程图的一些基本知识，还应按合理的次序看图，才能较快地看懂电气工程图。

A. 首先要看图纸的目录、图例、设计说明和设备材料明细表。了解工程名称、项目内容、图形符号，了解工程概况、供电电源的进线和电压等级、线路敷设方式、设备安装方法、施工要求等注意事项。

B. 要熟悉国家统一的图形符号、文字符号和项目代号。从图形符号看出电气设备的名称、性能、作用。

C. 了解图纸所用的标准。

看图时，要了解本套图纸采用的标准是哪一个国家的国家标准和图例。

D. 必须了解安装施工图册、国家规范和安装施工图集。

E. 看电气照明工程图时各种图纸结合起来看。

一般来说，看图顺序是设计说明、图例、设备材料明细表、系统图、平面图。从设计说明了解工程概况，该工程所需的设备、材料的型号、规格和数量。电气照明平面图上找位置，电气照明系统图上找联系。

F. 了解土建工程和其他工程对电气工程的影响。

电气照明工程要与土建工程及其他工程（给排水、通风空调等）的配合进行。看图时必须查看有关土建图和其他工程图，对电气照明工程图的影响，并处理好各种图纸之间的相互关系。

3.4 教室电气照明工程图的设计

3.4.1 照明平面图

(1) 照明平面图的内容

1) 照明配电箱、开关、插座的安装位置、数量、安装方式。
2) 导线的型号、截面、根数、线管种类、敷设方式和线路走向。
3) 标出各种用电设备（照明灯、吊扇）等安装位置、安装方式和数量。

(2) 照明灯具安装格式

$$a - b\frac{c \times d \times l}{e}f$$

式中　a——灯具数量；
　　　b——灯具型号或代号；（可省略不写）
　　　c——每盏灯具中的灯泡（管）数；（一个灯泡可省略）
　　　d——每个灯泡的容量（W）；
　　　e——安装高度（m）；
　　　f——灯具安装方式见表3-11；
　　　l——光源种类（可省略不写）见表3-10。

电光源种类代号　　　　　　　　　　　　　　　　表3-10

电光源类型	新标准（英文）	电光源类型	新标准（英文）
白炽灯	IN	氙灯	Xe
荧光灯	FL	氖灯	Ne
碘钨灯	I	弧光灯	ARC
汞灯	Hg	红外线灯	IR
钠灯	Na	紫外线灯	UV

灯具安装方式代号　　　　　　　　　　　　　　　表3-11

安装方式	英文代号	安装方式	英文代号
线吊式	CP	吸顶式	C
链吊式	CH	吸顶嵌入式	CR
管吊式	P	墙装嵌入式	WR
壁装式	W		

3.4.2 照明系统图

(1) 照明系统图的内容

1) 照明的安装容量，计算容量，配电方式。
2) 导线的型号、规格，敷设方式及穿管管径。
3) 配电箱、开关和熔断器等的型号、规格等。

(2) 线路敷设代号格式

$$a - b - c \times d - e - f$$

式中　　a——线路编号或线路用途；

　　　　b——导线型号；

　　　　c——导线根数；

　　　　d——导线截面（mm^2），不同截面要分别标注；

　　　　e——配线方式和穿管管径（mm），见表3-12；

　　　　f——敷设部位，见表3-13。

线路配线方式代号　　　　表3-12

中文名称	英文代号（新）	中文名称	英文代号（新）
瓷夹配线	PL	金属线槽配线	MR
塑料夹配线	PCL	塑料线槽配线	PR
瓷瓶配线	K	电缆桥架配线	CT
钢管配线	SC（G）	钢索配线	M
电线管配线	T（TC）	明敷	E
硬塑料管配线	PC	暗敷	C
铝卡片配线	AL		

线路配线方式代号　　　　表3-13

中文名称	英文代号（新）	中文名称	英文代号（新）
地面（板）	F	构架	R
墙	W	顶棚	C
柱	CL	吊顶	SC
梁	B		

（3）照明系统图的格式

进线	总开关	分开关	导线型号规格、管径敷设方式	回路	相序	容量（kW）	备注

3.4.3　教室电气照明实训设计

某教学楼照明布置图，如图3-7所示。供电系统为TT系统，接地装置采用镀锌钢管SC50×2500，镀锌扁钢40×4。进线为BV-16，分支线为BV-2.5，导管为PC20，回路分6路。总开关采用C45N/3PC32，分支开关采用C45N/2PC16、C45N/3PC16。防水防尘灯（150W）管吊，离地2.8m；安全灯（150W）管吊，离地2.8m；日光灯（2×40W）链吊，离地2.8m；吸顶灯（60W）；花灯（5×25W）吸顶安装；每只单相插座容量60W，每只三相插座容量300W。

设计照明平面图：画出电气线路，标出导线根数，写出灯具安装代号。并画出照明系统图。

（1）教室电气照明平面图

设计后的教室电气照明平面图如图3-8所示。

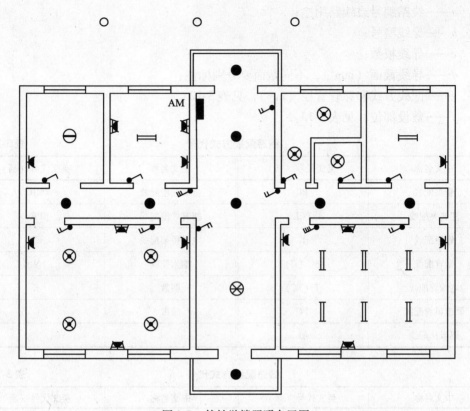

图 3-7 某教学楼照明布置图

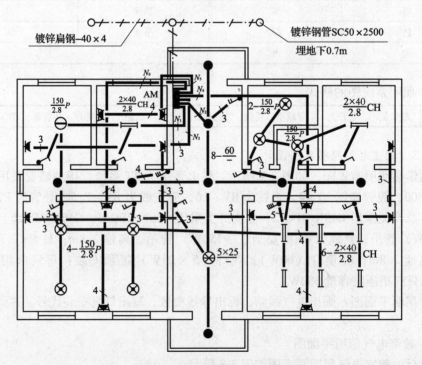

图 3-8 某教学楼照明平面图

设计说明：
(1) 管内导线耐压不低于500V；
(2) 照明配电箱的安装高度距离地面1.5m；
(3) 开关安装高度距离地面1.3m，距门框距离（0.15~0.2m）；
(4) 插座安装高度距离地面0.3m。
(2) 教室电气照明系统图

照明配电系统采用380/220V三相五线制（TT系统），供电分配应尽量地把负荷均匀地分配到各相线路（L_1、L_2、L_3）上，使供电系统三相平衡。设计以后的教室照明电气系统图，如图3-9所示。

图3-9 某教室电气照明系统图

3.5 实训小结

每个学生交实训小结：
(1) 写出电气照明设计步骤，并画出照明平面图、系统图。
(2) 电气照明设计的小结和体会。

实训项目4 照明线路安装

4.1 硬质塑料管（PVC）敷设安装的实训

4.1.1 实训目的：
(1) 学会硬质塑料管敷设安装。
(2) 熟悉硬质塑料管敷设的竣工验收和质量评定。

4.1.2 预习
(1) 阅读硬质塑料管敷设的安装步骤。
(2) 阅读硬质塑料管敷设的竣工验收和质量评定内容。

4.1.3 材料
(1) 所使用硬质PVC塑料管及其配件必须由阻燃处理的材料制成，在管材外壁应有间距不大于1m的连续阻燃标记和制造厂标。
(2) 硬质塑料管应具有耐热、耐燃、耐冲击并有产品合格证，管口应平整、光滑；

内外径应符合国家统一标准。外观检查管壁壁厚应均匀一致；无凸棱、凹陷、气泡等缺陷。

（3）所用塑料管附件及塑料制品，如：各种灯头盒、开关盒、插座盒等，宜使用配套的阻燃塑料制品。

（4）硬质塑料管的材质及适用场所必须符合设计要求和施工质量验收规范规定，应具有有关部门产品质量保证书。

4.1.4 工具配备

（1）铅笔、皮尺、水平尺、卷尺、角尺、线坠、小线、粉线袋等。

（2）手锤、錾子、钢锯、锯条、半圆锉、活扳头、灰桶、水桶等。

（3）弯管弹簧、剪管器、手电钻、钻头等。

（4）电锤、电炉、开孔器、绝缘手套、工具箱、煨管器等。

4.1.5 实训作业条件

（1）暗管敷设：将各层水平线和墙厚度线弹好，配合土建施工。现浇混凝土板、柱内配管在底层钢筋绑扎完后而上层钢筋未绑扎前进行，根据施工图尺寸位置配合施工。

（2）明管敷设：采用胀管安装，必须在土建抹灰后进行。

（3）吊顶内管路敷设：结构施工时，配合土建安装好预埋件、支吊架。内部装修施工时，配合土建做好吊顶灯位及电器具位置翻样图，并在顶板弹出实际位置。

4.1.6 作业程序

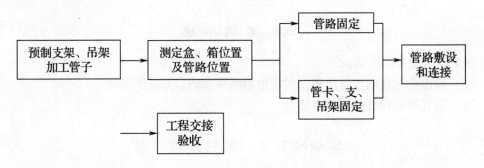

（1）预制支架、吊架

1）明配管在管子敷设前应按设计图纸加工好各种支架、吊架、抱箍等金属支持件。

2）支、吊架一般用钢板或角钢加工制作，下料时应用钢锯锯割或用型钢切割机下料，严禁用电、气焊切割。钻孔时应使用手电钻或台钻钻孔，不应用气焊或用电焊吹孔。

（2）加工管子

1）管的切断

A. 配管前应根据管子每段所需长度进行切断（不应使用比例尺在图纸上量取每段长度，而应根据土建图纸中给定的轴线及各部尺寸，再根据设备和器具实际的安装位置测量计算，然后进行长度确定）。

B. 用电工刀或钢锯条的切断。

硬质塑料管多用电工刀或锯条切断，切口应整齐。用锯条切断时，应直接锯到底，否则管子切口不整齐，断口后将管口锉平齐。

C. 用 PVC 管剪刀或 PVC 截管器的切断。

（A）PVC 管剪刀切断管子的方法：打开 PVC 管剪手柄，把 PVC 管放入刀口内，握紧手柄，让齿轮锁住刀口，松开手柄后再握紧，直到管子被切断，如图 3-10 所示。

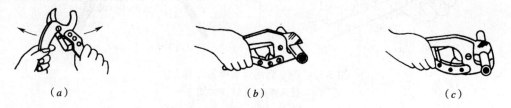

图 3-10　PVC 管剪刀切割方法
（a）打开 PVC 管剪刀手柄；（b）把 PVC 管放入刀口内；
（c）握紧手柄，让齿轮锁住刀口，松开手柄后再握紧，直至管子被切断

（B）PVC 截管器切断管子的方法：打开 PVC 截管器，把 PVC 管放入截管器内，握紧手柄边稍转动管子进行截剪，使刀口易于切入管壁，刀口切入管壁后，应停止转动 PVC 管（以保证切口平整）继续裁剪，直至管子切断为止，如图 3-11 所示。

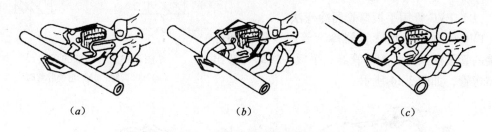

图 3-11　PVC 管截管器切割方法
（a）打开 PVC 截管器把 PVC 管放入截管器内；（b）握紧手柄边稍转动管子进行截剪；
（c）刀口切入管壁后继续裁剪，直至管子切断为止

2）管的弯曲

PVC 硬质塑料管的弯曲有冷弯法和热煨法。

A. 冷弯法

（A）PVC 管用弯管弹簧冷弯法

在弯管时，将相应的弯管弹簧插入管内需弯曲处，两手握住管弯曲处弯簧的部位，用手逐渐弯出所需的弯曲半径，考虑到管子的回弹，弯曲角度要稍过一些。

如果用手无力弯曲时，将管子用膝盖顶住，逐渐弯曲，弯管时一般需弯曲至比所需要弯曲角度要小，待弯管回弹后，便可达到要求，然后抽出管内弯簧，如图 3-12 所示。

当弯曲较长的管子时，应用铁丝或细绳拴在弯簧一端的圆环上，以便弯管完成后拉出弯簧，在弯簧未取出前，不要用力使弯簧回复，否则易损坏弯簧，当弯簧不易取出时，可逆时针转动弯簧，使之外径收缩，同时往外拉即可取出。

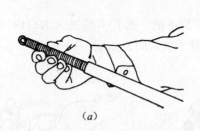 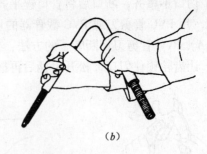

图 3-12　PVC 管用弯管弹簧冷弯方法
(a) 插入弹簧；(b) 弯曲管子

低温施工弯管时，可先用布将管子需要弯曲处摩擦生热后再煨管。

在刚性 PVC 管端部冷弯 90°曲弯或鸭脖弯时，用手冷弯管有一定困难，可在管口处外套一个内径略大于管外径的钢管，一手握住管子，一手扳动钢管即可弯出管端长度适当的 90°曲弯。如图 3-13 所示。

(B) PVC 管用手扳弯管器冷弯法

PVC 管使用手扳弯管器冷弯管时，将已插好弯簧的管子插入配套的弯管器，手扳一次即可弯出所需弯管，如图 3-14 所示。

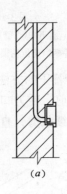 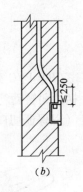

图 3-13　管端部的弯曲
(a) 90°弯时；(b) 弯鸭脖弯时

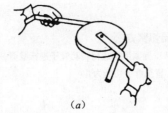 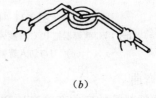

图 3-14　PVC 管用弯管器冷弯法
(a) 管子插入弯管器；(b) 弯曲管子

B. 热煨法

在弯管时，将相应的弯管弹簧插入管内弯曲处，用电炉、热风机等烘烤管子煨弯处，加热要均匀。待管被加热到可随意弯曲时，立即将管子放在木板上，固定管子一头，逐步煨出所需管弯度，当弯曲成型后将弯曲部位插入冷水中冷却定型，然后抽出弯簧。不得因煨弯使管出现烤伤，变色，破裂等现象。

C. 弯曲半径

(A) 明配管弯曲半径

明配弯曲半径不宜小于管外径的 6 倍，当两个接线盒间只有一个弯曲时，其弯曲半径不应小于管外径的 4 倍。弯扁程度不应大于管外径的 10%。管的弯曲处不应有折皱、凹陷和裂缝。

（B）暗配管弯曲半径

暗配管弯曲半径不应小于管外径的6倍；埋设于地下或混凝土的管子弯曲半径，不应小于管外径的10倍。弯扁程度不应大于管外径的10%。管的弯曲处不应有折皱、凹陷和裂缝。

(3) 测量定位

1）明配管的测量定位

配管前应按设计图纸结合施工验收规范确定好配电设备，各种箱、盒及用电设备安装位置。测量时，使用尺、弹线定位。并将箱、盒与建筑物固定牢固。测量出吊架、支架、管卡等固定点的具体位置和距离。

固定点的距离应均匀，管卡与终端、转弯中点、电气器具或箱盒边缘的距离为150～500mm。

管卡或支架的间距应符合国家规范规定，硬塑料管管卡的最大距离如表3-14所示。

硬塑料管管卡间最大距离（m）　　　　表3-14

敷设方式	管内径（mm）		
	20及以下	25～40	50及以上
吊架、支架或沿墙敷设	1.0（m）	1.5（m）	2.0（m）

2）暗配管的测量定位

以土建弹出的水平线为基准，根据设计图要求确定盒，箱实际尺寸位置，并将盒、箱固定牢固。

(4) 管路固定方法

1）胀管法：先在墙上打孔，将胀管插入孔内，再用螺钉（栓）固定。

2）抱箍法：按测定位置，遇到梁柱时，用抱箍将支架、吊架固定好。

3）剔注法：按测定位置，剔出墙洞（洞内端应剔大些）用水把洞内浇湿，再将合好的商标号砂浆填入洞内，填满后，将支架、吊架或螺栓插入洞内，校正埋入深度和平直，无误后，将洞口抹平。

4）木砖法：用木螺钉直接固定在预埋的木砖上。

5）预埋铁件焊接法：随土建施工，按测定位置预埋铁件。拆模后，将支架、吊架焊在预埋铁件上。

6）稳注法：随土建砌砖墙，将支架固定好。

(5) 管卡、支架、吊架固定

无论采用何种固定方法，均应先固定两端支架、吊架、管卡，然后拉直线固定中间的支架、吊架、管卡。在转角、直线段处管卡、支架或吊架间距应对称、均匀。并应符合国家规范规定。

1）塑料管卡子、开口管卡固定

明配PVC硬塑料管用塑料管卡沿墙固定时，当管孔钻好后，放入塑料胀管。等管固定时，先将管卡的一端螺钉拧进一半，然后将管敷于管卡内，再将管卡用木螺钉拧牢固定。管卡也可采用自攻螺钉安装，胶合剂安装。如图3-15所示。

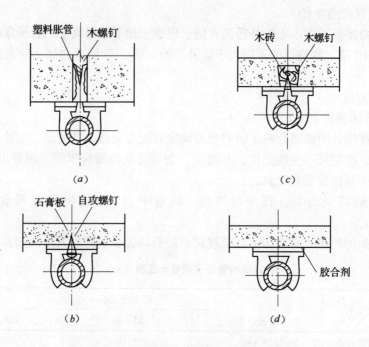

图 3-15 PVC管明配管管卡固定方法
(a) 塑料胀管安装；(b) 自攻螺钉安装；(c) 木砖安装；(d) 胶合剂安装

2) 支架、吊架的固定

按直线段处或转角处预留的支架，吊架固定位置，当钻好管孔后，放入金属胀管，并将金属支架、吊架固定。

(6) 管路的敷设和连接

1) 硬质塑料管明敷设

A. 明配管应在建筑物装饰工程结束后进行。

B. 在吊顶内的配管，按明配管的方法施工。在吊顶内配管应配合吊顶施工，在龙骨施工前先进行配管。

C. 根据明配管路横平竖直的原则，按线路的垂直和水平位置进行弹线定位，并应注意管路与其他管路相互间位置及最小距离。

2) 硬质塑料管的暗敷设

A. 管路在砖混结构工程墙体内配管，管路敷设前应先对箱、盒高度和轴线位置测量定位准确，必须有建筑标高。

B. 埋入墙体敷设时走向应合理，剔槽在砖缝间，一般宜做到"横平竖直"不应斜走，剔槽深度应符合规范，管外壁距墙体表面不应小于15mm，管路在墙体内应固定（用型卡子或绑扎固定），使管路紧贴墙体。

C. 剔槽宜采用机械开槽方式，以保证槽的宽度和深度基本一致。剔槽不得过大、过深或过宽。

D. 管路与箱、盒连接处的绑扎固定距离不宜大于30mm，管路中间的绑扎固定距离不宜大于1m。

E. 预埋在墙体中箱、盒固定牢固，位置或高度正确、统一，管路敷设、连接符合规范后，剔槽墙面及箱、盒四周应用 M10 水泥帮派浆粉刷固定。并对墙内敷管作隐蔽验收记录。

F. 埋地塑料管应沿最近的路线敷设，并应减少弯曲，埋地塑料管在露出地面易受机械损伤处应加钢管保护。保护钢管在地面上长度不应小于 500mm，敷设于多尘的潮湿场所的塑料管管路、管口、管子连接处均应作密封处理。

3）管路敷设

A. 硬质塑料管敷设时，管路较长超过下列情况时，应加接线盒：① 无弯时，30m。② 有一个弯时，20m。③ 有二个弯时，15m。④ 有三个弯时，8m。如无法加装接线盒时，应将管径加大一号。

B. 垂直敷设时，管路较长超过下列情况时，应加拉线盒：

（A）管内导线截面 $50mm^2$ 及以下，30m。

（B）管内导线截面为 $70 \sim 95mm^2$，20m。

（C）管内导线截面为 $120 \sim 240mm^2$，18m。

C. 水平或垂直敷设的明配硬质塑料管，其水平或垂直安装的允许偏差为 1.5‰，全长偏差不应大于管内径的 1/2。

D. 管路敷设做到横平竖直，排列整齐，固定点间距均匀。

4）管路的连接

A. 管与管的连接

管与管的连接一般均在施工现场管子敷设的过程中进行。连接方法分为器件连接、套管连接和插入法连接等几种方法。无论采用哪种方法连接，管口应平整、光滑，接口处连接紧密。

（A）采用器件连接

PVC 管的连接采用器件的连接，即使用成品管接头连接管两管，与器件的连接面应涂专用胶合剂，接口应牢固密封。管与器件连接时，插入深度宜为管外径的 1.1 ~ 1.8 倍。如图 3-16 所示。

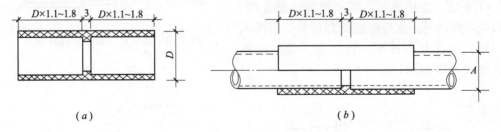

图 3-16 PVC 管成品管接头及其连接

(a) 成品管接头；(b) 管与管的连接

（B）插入法连接

管与管的插入法连接时，塑料管管口应平整、光滑，把连接的阴、阳管清理干净，把阳管管端及连接的结合面涂上专用的 PVC 胶水后，迅速插入阴管，插接长度为连接管外径的 1.1 ~ 1.8 倍，不要扭转，保持约 15S 不动，即可胶牢。接口应牢固密封。如图 3-17 所示。

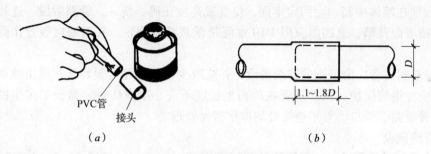

图 3-17　PVC 管用插入法连接
(a) PVC 管上涂上专用胶水；(b) PVC 管插入连接

（C）套管连接

管与管的套接法连接时，塑料管管口应平整、光滑，用比连接管管径大一级的塑料管做套管，长度宜为连接管外径的 1.5～3 倍，把涂好的胶水的连接管从两端插入套管内，连接管对口处应在套管中心，保持 15S 不动，做到紧密牢固。如图 3-18 所示。

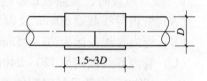

图 3-18　PVC 管用套管法连接

B. 管与盒（箱）的连接

PVC 管与盒（箱）连接，有的需要预先进行连接，有的则需要在施工现场配合施工过程中在管子敷设时进行连接。

硬质塑料管与盒（箱）的连接做到连接管外径应与盒（箱）敲落孔相一致，管口平整、光滑，一管一孔顺直进入盒（箱），在盒（箱）内露出长应小于 5mm。多根管进入配电箱时应长度一致，排列间距均匀。管与盒（箱）连接应固定牢固，各种盒（箱）的敲落孔不被利用的不应被破坏。

（A）采用器件连接

PVC 管与盒（箱）连接，可以采用成品管盒连接件如图 3-19 所示，连接时先把连接管与器件进行插入法连接，插入深度宜为管外径的 1.1～1.8 倍，连接处结合面应涂专用胶合剂，接口应牢固密封。然后把连接器件另一端插入盒（箱）连接孔中拧牢。管与盒（箱）的连接，如图 3-20 所示。

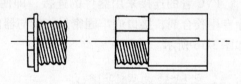

图 3-19　管与盒（箱）用连接器件

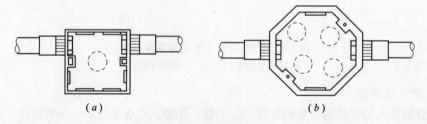

图 3-20　用连接器件连接管、盒
(a) 开关盒；(b) 八角盒

(B) 管端部做喇叭口连接

管端部做喇叭口时,要先均匀地加热管口处,略软化后用自制胎具将管口扩成喇叭状,然后把配管与盒体牢牢地固定。

如图 3-21 所示。

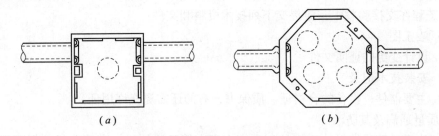

图 3-21 管端做喇叭口进行管、盒连接
(a) 管端做喇叭口;(b) 管端做双喇叭口

(7) 工程交接验收

1) 工程竣工验收和质量评定标准。

A. 主控项目

当绝缘导管在砌体上剔槽埋设时,应采用强度等级不小于 M10 的水泥砂浆抹面保护,保护层厚度大于 15mm。

检查方法:全数检查、观察检查和检查隐蔽工程记录。

B. 一般项目

(A) 暗配的导管,埋设深度与建筑物、构筑物表面的距离不应小于 15mm。

检查方法:抽查 10 处,观察检查和检查隐蔽工程记录。

(B) 绝缘导管管口平整光滑;管与管、管与盒(箱)等器件采用插入法连接时,连接处结合面涂专用胶合剂,接口牢固密封。

检查方法:抽查总数的 5%,目测检查。

(C) 直埋于地下或楼板内的刚性绝缘导管,在穿出地面或楼板易受机械损伤的一段,采取保护措施。

检查方法:全数检查,目测检查。

(D) 当设计无要求时,埋设在墙内或混凝土内的绝缘导管,采用中型以上的导管。

检查方法:目测和检查进场材料合格证。

(E) 沿建筑物、构筑物表面和在支架上敷设的刚性绝缘导管,按设计要求装设温度补偿装置。

检查方法:全数检查,目测检查。

(F) 管在建筑物变形缝处应设补偿装置。

检查方法:全数检查、观察检查和检查隐蔽工程记录。

2) 工程交接验收

A. 在工程交接验收时,应对下列项目进行检查:

（A）各种规定距离。

（B）各种支持件的固定。

（C）配管的弯曲半径、盒（箱）设置的位置。

（D）明配管路的允许偏差差值。

E．施工中造成孔、洞、沟、槽的修补情况。

B．工程在交接验收中，应提交下列技术资料和文件：

（A）竣工图

（B）设计变更的证明文件

（C）安装技术记录

（D）主要器件、设备的合格证、质保书，有的还需提交许用证。

3）质量通病及其防治

（A）绝缘导管连接时，连接处不严密牢固。管子连接时，套管管径选择要适当，不能过大。

（B）管子弯曲处出现裂缝、折皱。应选用优质管材，加热时掌握好加热温度和加热时间。

（C）管口在盒内长短不一，管口不平齐，有的出现负值，断在盒外。敷设管盒时，应掌握好管入盒长度，使用好连接器件或在管端做好喇叭口，不能采用以往的习惯做法，不能留有余量。

（D）混凝土楼板内的管子脱出盒口。应使用好连接器件或在管端做好喇叭口，使管子无法脱出。

（E）楼板板缝内管子外露。板缝配管应将管子垫起不小于15mm。

（F）混凝土现浇板内管子外露。现浇混凝土板内配管管子应在底筋上面敷设。

（G）楼板面层内配管造成地面顺管路主向裂缝。楼板面层薄，管路不应敷设在面层内。

4.1.7 实训小结

每个学生交实训报告。

（1）写出硬度塑料管（PVC）敷设安装过程。

（2）实训中存在的问题或体会。

4.2 管内穿线和导线连接的实训

4.2.1 实训目的：

（1）学会管内穿线和导线连接。

（2）熟悉管内穿线的竣工验收和质量评定。

4.2.2 预习

（1）预习管内穿线和导线连接的实训步骤。

（2）预习管内穿线的竣工验收和质量评定内容。

4.2.3 材料

（1）各种型号、规格的绝缘导线，导线额定电压应不低于500V，导线的型号、规格必须符合设计要求，并应有出厂合格证、质保书。

（2）钢丝应顺直无背扣，扭接等现象，并具有相应的机械拉力。

（3）阻燃型安全压接帽，其规格有大号、中号、小号三种，可根据导线截面和根数选择使用，并应具有关部门质保书。

（4）滑石粉、布条、高压绝缘胶布、塑料绝缘带和黑胶布、焊锡、焊锡膏等。

4.2.4 工具配备

（1）钢丝钳、尖嘴钳、剥线钳、导线压接钳。

（2）电炉、锡锅、锡斗、电烙铁。

（3）一字螺钉旋具、十字螺钉旋具、电工刀、万用表、兆欧表（500V）

4.2.5 实训作业条件

管内穿线应在建筑物的抹灰、粉刷及地面工程结束后进行，在穿线前应将电线保护管内的积水及杂物清理干净。

4.2.6 作业程序

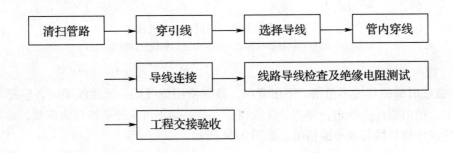

4.2.7 实训步骤

（1）清扫管路

在管内穿入导线前，先清除管路中的灰尘、泥水等杂物可在钢丝上绑上破布，来回拉几次，将管内杂物和水分擦净。有条件也可以用压缩空气，吹入已敷设的管路口。

（2）穿引线

1）用 $\phi 1.2 \sim \phi 2.0$ 的钢丝，先将钢丝的一端头部弯成封闭的圆圈状，把钢丝由管一端逐渐地送入管中，直到另一端露出头时为止，在管路的两端均应留有 10～15cm 的余量。

2）在管路较长或转弯较多时，可以在敷设管路的同时将带线一并穿好。

3）管内穿孔线受阻，可用手转动钢丝，边转动边前进。也可以在另一端再穿入一根引线钢丝，使两根绞在一起，然后拉出。

（3）导线选择

1）应根据设计图纸线管敷设场所和管内径截面积，选择所穿导线的型号、规格。管内导线的总截面积（包括外护层）不应超过管子截面积的 40%。

2）穿管敷设的绝缘导线，额定电压应不低于 500V，即使用工作电压 450V/750V 导线。最小导线截面，铜线、铜芯软线不得低于 $1.0mm^2$，铝线不低于 $2.5mm^2$。

3）不同的相序应使用不同颜色的导线，一般 L_1、L_2、L_3 分别为黄、绿、红色线。淡蓝色线为工作零线（N 线），黄绿颜色相间线为保护线（PE 线）。

(4) 引线与导线结扎

1) 当导线数量为 2～3 根时,将导线端头插入引线钢丝端部圈内折回。如图 3-22 所示。

2) 如导线数量较多或截面较大时,把导线端部剥出线芯,并斜错排好,与引线钢丝一端缠绕接好,也可以把导线与钢丝分段结扎,然后再拉入管内,如图 3-23 所示。

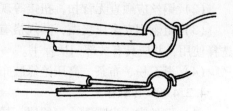

图 3-22 导线与引线钢丝结扎

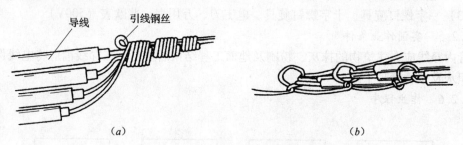

图 3-23 多根导线与引线钢丝结扎法
(a) 导线与钢线斜错缠绕;(b) 导线与钢线分段结扎

(5) 管内穿线

1) 放线时为使导线不扭结、不出背扣,最好使用放线架。无放线架时,应把线盘平放在地上,把内圈线头抽出,并把导线放得长一些。切不可从外圈抽线头放线,否则会弄乱整盘导线或使导线打成小圈扭结。如图 3-24 所示。

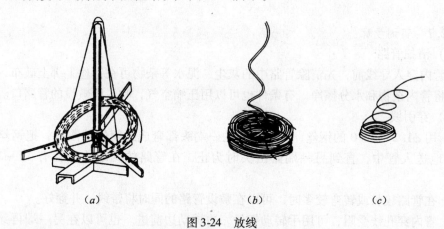

图 3-24 放线
(a) 放线架;(b) 手工放线抽出内圈导线;(c) 不正确的放线方法

2) 穿入硬质塑料管前,应先检查管口处是否有连接器件或管口是否做成喇叭口状,在管口处不应留有毛刺和刃口,以防穿线时损坏导线绝缘层。

3) 不同回路、不同电压等级和交流与直流的导线,不得穿入同一根管内。是为了防止短路故障发生和抗干扰。

4) 管内穿线时,电压为 50V 及以下的回路;同一设备的电机回路和无抗干扰要求的控制回路;照明花灯的所有回路;同类照明的几个回路,可穿入同一根管内,但管内导线总数不应多于 8 根。

5）管内导线包括绝缘层在内的总截面积不应大于管子内空截面积的40%。

6）导线在管内不应有接头和扭结，接头应设在接线盒箱内。导线的绝缘层在管内不得损坏。

7）当管路较短，而弯头较少时，可不先穿钢丝而把绝缘导线直接穿入管内。

8）两人穿线时，一人在一端拉钢丝，管内放滑石粉，另一人在另一端把所有的电线紧捏成一束送入管内。二人动作应协调，并注意不使导线与管口处磨擦损坏绝缘层。

9）导线穿好后，应按要求适当留出余量便于以后接线。接线盒、灯位盒、开关盒内留线长度出盒口不应小于0.15m，配电箱内留线长度不应少于箱的半周长；出户线处导线预留长度为1.5m。

（6）导线连接

1）导线连接应具备的条件：

A. 导线接头不能增加电阻值。

B. 受力导线不能降低原机械强度。

C. 不能降低绝缘强度。

为了满足上述要求，在导线做电气连接时，必须先剥削掉导线的绝缘层再进行连接。

2）剥削绝缘层

剥削导线绝缘层的长度和方法，根据导线线芯直径和绝缘层材料以及接线方法不同而各不相同。

A. 使用工具：

常用的工具有电工刀，克丝钳和剥线钳。一般4mm²以下的导线原则上使用剥线钳。但使用电工刀时，不允许采用刀在导线周围转圈剥削绝缘层的方法。

B. 用电工刀、剥线钳剥削绝缘层方法：

（A）单层剥法：

用剥线钳剥切塑料线绝缘层，剥线钳应选用大一级线芯的刃口剥线，为防止损伤线芯。剥线钳如图3-25所示单层剥法后的绝缘导线如图3-26所示。

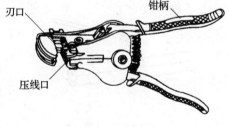

图3-25　剥线钳

（B）分段剥法：一般适用于多层绝缘导线剥削，如编织橡皮绝缘导线，用电工刀先削去外层编织层并留有约15mm的绝缘层段，线芯长度随接线方法和要求的机械强度而定。如图3-27所示。

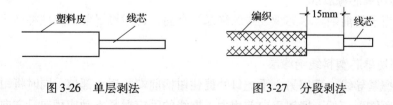

图3-26　单层剥法　　　　　　图3-27　分段剥法

（C）斜削法：用电工刀以45°角倾斜切入绝缘层，当切近线芯时就应停止用力，接着应使刀面的倾斜角度改为15°左右，沿着线芯表面向前头端部推出，然后把残存的绝缘层剥离线芯，用刀口插入背部以45°角削断。如图3-28所示。

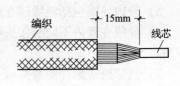

图3-28 斜削法

（D）塑料绝缘线绝缘层剖削方法：如图3-29所示。

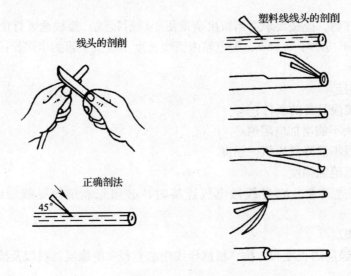

图3-29 塑料绝缘线绝缘层剖削方法和步骤

（E）塑料护套线的护套层和绝缘层剥切方法：如图3-30所示。

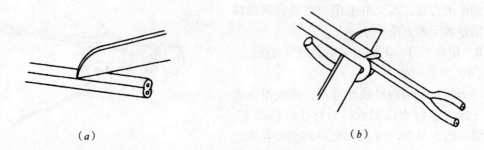

图3-30 塑料护套线的剥切
(a) 划开护套层；(b) 切去护套层

C. 用克丝钳剥切法：

（A）剥切单芯橡胶线：

用克丝钳子的前端将单芯橡胶线的绝缘层夹扁，再用钳子前端夹住将绝缘层扯断，如图3-31所示。

（B）剥切单芯塑料线绝缘层：

用一手握紧导线，再用另一手虎口处握住钳柄前端的钳头部位，同时将钳子的切口根部放在导线所需剥切处，握钳手向前用力，握线的手应握紧不动或稍向反方向加力。在剥切的同时握钳子要稍用力剪破导线绝缘层的外表层，勒断导线的端部绝缘层。如图3-32所示。

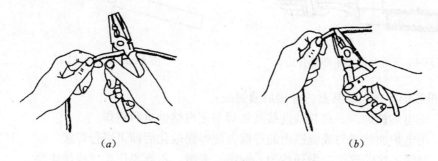

图 3-31　单芯橡胶线绝缘剥切方法
(a) 夹扁绝缘层；(b) 扯断绝缘层

(C) 剥切多股铜芯软线的绝缘层：

先按线头连接所需长度定下切口位置，并在近切口处捏住线头，用钳头切口轻切绝缘层，趁钳口夹住绝缘层之机，双手反向同时用力，左抽右勒使端头绝缘渐渐脱离芯线。应注意握钳子的手用力要适当，若用力过猛，将会勒断或者损伤芯线。如图3-33所示。

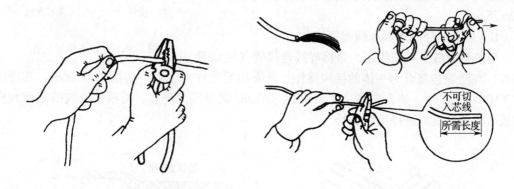

图 3-32　用克丝钳剥切塑料导线　　　图 3-33　软线绝缘层的剖削方法

3）导线连接

A. 单芯铜导线在器具盒内的并接接法：

(A) 单芯线并接接法：3根及其以上导线连接时，将连接线端相并合，在距绝缘层15mm处用其中一根芯线，在其连接线端缠绕5回剪断。把余线头（约5mm长）折回压在缠绕线上，如图3-34所示。

用在双联及以上开关电源相线的分支连接，连接2、3孔插座导线的并接头。

注：在进行导线下料时应计算好每根短线的长度，其中用来缠绕连接的线应长于其他线。

(B) 绞线并接法：将绞线破开顺直并合拢，另用绑线同多芯导线分支连接缠卷法弯制绑线，在合拢线上缠卷。其长度为双根导线直径的5倍如图3-35所示。

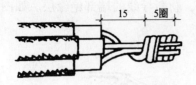

图 3-34 三根及以上单芯线并接头　　　　图 3-35 绞线并接头

B. 单芯铜导线在器具盒内并接后搪锡法：

（A）用电烙铁加焊，在导线连接处加焊剂用电烙铁进行锡焊。

（B）用电炉加热锡勺或锡锅内的焊锡，使焊锡熔化后即可进行焊接。

（C）搪锡连接的部位应做到均匀、饱满、光滑、不要操作到导线绝缘层。

（D）焊接完后必须用布将焊接处的焊剂及其他污物擦去。

（E）导线包扎：首先用黄腊布带（或粘塑料带绝缘带）从导线接头处始端的完好绝缘层开始，缠绕1~2个黄腊布带宽度，再以半幅宽度重叠进行缠绕两层。在包扎过程中应尽可能的收紧黄腊布带。然后再用黑胶布包扎，包扎时要衔接好，同时在包扎过程中收紧胶布，导线接头处两端应用黑胶布包扎紧密，不得受潮。如图3-36 所示。

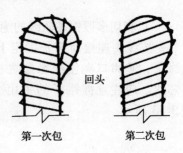

图 3-36 并接头绝缘包扎

C. 单芯铜导线塑料压线帽压接法：

单芯铜导线塑料压线帽，是将导线连接管（镀银紫铜管）和绝缘包复合为一体的接线器件，外壳用尼龙注塑成型，如图3-37 所示。其规格有 YMT1~3 三种，见表3-15，适用于 1~4.0mm² 铜导线的连接，可根据导线的截面和根数选择使用，具体选择见表3-16。

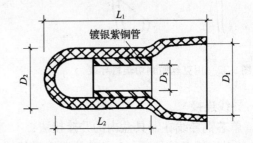

图 3-37 塑料压线帽

YMT 型压线帽规格型号表　　　　表 3-15

型号	色别	规格尺寸（mm）				
		L_1	L_2	D_1	D_2	D_3
YMT-1	黄	19	13	8.5	6	2.9
YMT-2	白	21	15	9.5	7	3.5
YMT-3	红	25	18	11	9	4.6

塑料压线帽与导线根数配合表						表 3-16
压线管内导线规格（mm²）						
BV（铜芯）			BLV（铝芯）			配用压线帽型号
1.0	1.5	2.5	4.0	2.5	4.0	
导线根数						
2	—	—	—	—	—	YMT-1
4	—	—	—	—	—	YMT-1
3	—	—	—	—	—	YMT-1
1	2	—	—	—	—	YMT-1
6	—	—	—	—	—	YMT-2
—	4	—	—	—	—	YMT-2
3	2	—	—	—	—	YMT-2
1	—	2	—	—	—	YMT-2
2	1	1	—	—	—	YMT-2
—	—	2	—	—	—	YMT-3
—	—	4	—	—	—	YMT-3
—	2	3	—	—	—	YMT-3
—	4	2	—	—	—	YMT-3
1	—	2	1	—	—	YMT-3
—	2	—	2	—	—	YMT-3
8	—	1	—	—	—	YMT-3
—	—	—	—	2	—	YML-1
—	—	—	—	3	—	YML-1
—	—	—	—	4	—	YML-1
—	—	—	—	3	2	YML-2
—	—	—	—	—	4	YML-2

在导线连接时，先将导线的端部剥削绝缘后，根据压线帽规格、型号分别露出线芯长度 13、15、18mm，插入压线帽内。如填不实时用 1～2 根同材质同线径的线芯插入压线帽内填补，也可以将线芯剥出后回折插入压线帽内，使用专用阻尼式手握压力钳压实，查看压线帽压接处，正面应为一坑面，背面应为二点，然后用力拉拔压线帽和导线不脱落。压线帽压接如图 3-38 所示。

（7）线路导线检查及绝缘电阻测试。

1）线路检查：接、焊、包或压接全部完成后，应进行自检和互检；检查导线接、焊、包或压接是否符合设计要求及有关施工验收规范及质量验评标准的规定。不符合规定时应立即纠正，检查无误后再进行绝缘电阻测试。

2）绝缘摇测：

A. 照明线路的绝缘摇测采用兆欧表电压等级应为 500V，量程为 0～500M，经有关检测部门检验合格的编号和有效期内的兆欧表。严禁使用 1000V 兆欧表及以上的高压摇表进行测试。

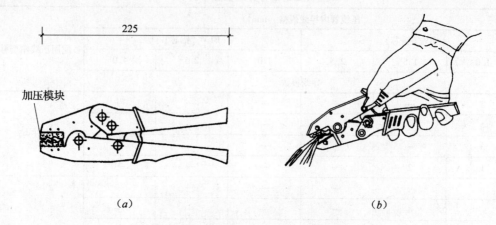

图 3-38 单芯铜、铝导线压线帽压接
(a) 专用阻尼式手握压力钳;(b) 用压力钳压接导线

B. 测量各导线间电阻时,一人摇测,一人应及时读数并记录摇动速度应保持在 120R/min 左右,读数应采用一分钟后的读数为宜。注意应在电气器具未安装前进行线路绝缘电阻测试。

C. 导线间和导线对地间的绝缘电阻值应符合规范规定。检查测试记录,其绝缘电阻应大于 0.5MΩ。

D. 线路的绝缘电阻值偏低。应检查线路存在的原因,解决问题后,再进行复测。达到规范标准后才验收通过。

(8) 工程交接验收

1) 竣工验收质量评定

A. 主控项目

导线的品种、质量、绝缘电阻:导线的品种、规格、质量必须符合设计要求和国家标准的规定。导线间和导线对地间的绝缘电阻值必须大于 0.5MΩ。

检查方法:抽查 5 个回路,实测或检查绝缘电阻测试记录。

B. 一般项目

(A) 管内穿线在盒(箱)内导线有适当余量;导线在管内无接头;不进入盒(箱)的垂直管子的管口穿线后密封处理良好。

盒(箱)内清理无杂物,导线整齐,护线套(护口、护线套管)齐全,不脱落。

检查方法:抽查 10 处,目测检查。

(B) 导线连接时,不伤线芯、连接牢固、包扎严密、绝缘良好。

检查方法:抽查 10 处,目测检查。

2) 管内穿线工程在交接验收时,应提交下列技术资料和文件:

(A) 竣工图

(B) 设计变更的证明文件

(C) 安装技术记录

(D) 导线绝缘电阻测试验收记录

（E）各种试验记录

（F）主要器材、设备的合格证、质保书

3）质量通病及其防治

（A）使用导线质量差，塑料绝缘导线绝缘层与芯线脱壳，绝缘层厚薄不均，表面粗糙，芯线线径不足。选购导线时要购买正宗厂家的合格产品，防止假冒，防止导线与产品合格证不相符合。

（B）导线在穿线过程中，出现背扣或打结。放线时如无放线车，需把线盘平放到地上，抽出里圈线头，注意不要引起螺旋形圈集中。

（C）管内导线出现接头。此种现象在检查时不易被发现，由于在穿线时长度不足而产生。操作者应及时换线重穿，否则将引起后患。

（D）剥削绝缘层时，损伤线芯。用电工刀切割绝缘层时，用刀要得当，刀刃斜角剥切。垂直剥切时，做到既能切掉绝缘层，又不损伤芯线。用克丝钳子剥削时，拿钳子的手用力不要过大，平时要多做练习。用剥线钳剥线时，应使用得当，应选用比线径大一级的刀口或将刀口进行扩口处理后再用。

（E）盒内铜导线并接头连接方法不正确，端部导线没折回压在缠绕线上。铜导线连接后焊接时，焊料不饱满，接头不牢固。铜导线连接方法不同于铝导线电阻焊的并接头，应正确连接。铜导线连接时应在剥削绝缘后，处理好线芯氧化膜立即连接并进行锡焊，加热温度应适当，焊锡膏不可过多，焊锡要均匀。如连接后时间一长再进行焊接，会因导线产生氧化膜，而沾锡困难。

（F）绝缘包扎时，绝缘带松散，端部不牢，通常称"打小旗"。包扎高压绝缘胶布时，应拉长2倍，半叠半包扎；包扎黑胶布时，应把起端压在里边，把终了端回缠2～3回压在上边。

4.2.8 实训小结

每个学生交实训报告。

（1）写出实训安装过程

（2）实训中发生的问题或体会

实训项目5 照明电气安装

5.1 照明配电箱安装的实训

5.1.1 实训目的

（1）学会照明配电箱的安装

（2）熟悉照明配电箱安装的竣工验收和质量评定。

5.1.2 预习

（1）阅读照明配电箱的安装步骤。

（2）阅读照明配电箱安装的竣工验收和质量评定内容。

5.1.3 材料

（1）照明配电箱铁制箱体，箱体应有一定的机械强度，钢板厚度不小于2mm，周边平整无损伤，油漆无脱落。

(2) 配电箱所使用的设备均应符合国家或行业标准,并有产品合格证,设备应有铭牌。

(3) 箱内器具应安装牢固,导线排列整齐,压接牢固。

(4) 配电箱带有器具的铁制盘面和装有器具的门都应有明显可靠 PE 线接地。

(5) 绝缘导线的型号规格必须符合设计要求,并有产品合格证。

(6) 镀锌螺栓、垫圈、机螺钉、压线帽等。

5.1.4 工具配备

(1) 铅笔、卷尺、托线板、铁板尺等。

(2) 电工刀、螺钉旋具、钢锯、锯条、剥线钳、尖嘴钳、压接钳等。

(3) 手电钻、钻头、兆欧表、绝缘手套、工具箱等。

5.1.5 实训作业条件

(1) 土建施工预留好暗装配电箱位置。

(2) 预埋铁架或螺栓时,墙体结构应弹出施工水平线。

(3) 安装配电箱盘面时,应抹灰或粉刷工程结束。

5.1.6 作业程序

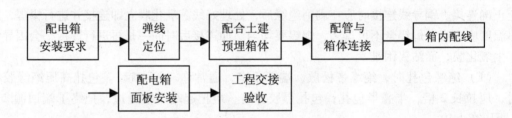

(1) 配电箱安装要求

1) 配电箱的型号、规格应与设计图纸一致。

2) 配电箱应安装在安全、干燥、易操作的场所,暗装时底口距地 1.5m。在同一建筑物内,同类箱的高度应一致,允许偏差为 10mm。

3) 配电箱带有器具的门金属外壳应有明显的 PE 线接地螺栓。

4) 配电箱安装应牢固、平正,其垂直度允许偏差为 3mm。

5) 新型照明配电箱、安装方便、外形美观,安全可靠。如图 3-39 所示。

(2) 弹线定位

暗装配电箱应按设计图纸给定的安装标高。并按照配电箱的规格尺寸进行弹线定位,配合土建施工进行预埋。

为了防止配电箱安装工程质量通病的出现,在现场进行预埋前,严格地对照土建设计图纸,并根据建筑结构情况,进一步核验设计位置是否准确。

(3) 配合土建预埋箱体

确定配电箱位置后,在预埋配电箱箱体时,应做到:

1) 按需要打掉箱体敲落孔的压片。

2) 按照配电箱安装高度敷设(箱底边距地面 1.5m)。

3) 埋入墙内的箱体宽度应与墙体厚度的比例要正确。

4）箱体要放置平正，不应倒置。
5）箱体的放置后用托线板找好垂直并符合规范要求。

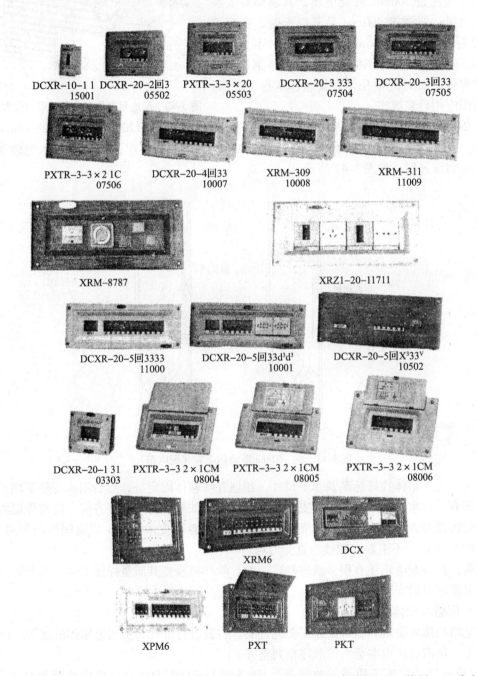

组合式配电箱适用于实验室、试验室、净化室、计算机房、大专院校、科研、工矿企业及民用建筑，交流50Hz、380/220V的系统中及直流440/220V电路中，作动力、照明配电用，也可用于线路的不频繁转换。

图3-39　新型照明配电箱外形示意图

6）根据箱体的结构形式和墙面装饰面的厚度来确定突出墙面的尺寸。

当宽度超过 500mm 的配电箱，其顶部要安装混凝土过梁；箱宽度 300mm 及其以上时，在顶部应设置钢筋砖过梁，φ6mm 以上钢筋，不少于 3 根，钢筋两端伸出箱体不应小于 250mm，钢筋两端应弯成弯钩，如图 3-40 所示，使箱体本身不受压，箱体周围应用砂浆填实。

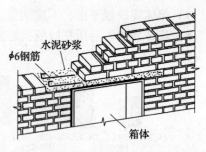

图 3-40　配电箱箱体钢筋砖过梁的设置图

在 240mm 墙上安装配电箱时，要将箱后背凹进墙内不小于 20mm，后壁要用 10mm 厚石棉板，或钢丝直径为 2mm 孔洞为 10mm×10mm 的钢丝网钉牢，再用 1∶2 水泥砂浆抹好，以防墙面开裂，如图 3-41 所示。

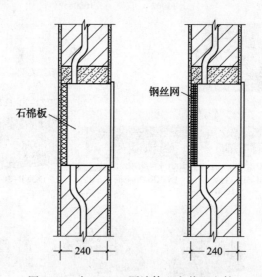

图 3-41　在 240mm 厚墙体上安装配电箱

总之，先将箱体找好标高及水平尺寸，预埋并将箱体固定好，然后用水泥砂浆填实周边并抹平齐，待水泥砂浆凝固后再安装盘面和贴脸。如箱底与外墙平齐时，应在外墙固定金属网后再做墙面抹灰。不得在箱底板上抹灰。安装盘面要求平整，周边间隙均匀对称，贴脸（门）平正，不歪斜，螺栓垂直受力均匀。

目前，各种配电箱还有很多新的样式面世，除严格检查其质量保证书外，在安装时按其说明书要求进行安装。

（4）配管与箱体的连接

配电箱箱体埋设后，随着土建工程的进展，将要进行配管与配电箱箱体的连接，连接各种电源、负荷管应由左至右按顺序排列整齐。

《建筑电气工程施工质量验收规范》GB 50303—2002 中规定：绝缘导管与盒（箱）应用连接器件，连接处结合面应涂专用胶合剂，接口应牢固密封。

PVC 管使用连接器件与配电箱连接，如图 3-42 所示。PVC 管与箱体连接最佳方法是，管端采用做喇叭口的方法，可以节省大量的连接器件，如图 3-43 所示。

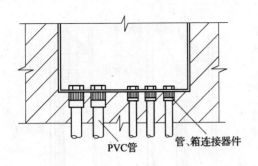
图3-42 PVC管用连接器件与箱体连接

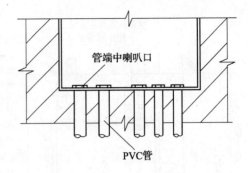
图3-43 管端做喇叭口与箱体连接

自配电箱箱体向上配管,当建筑物有吊顶时,为以后连接吊顶内的配管,引上管的上端应在适当高度处弯成90°弯曲,配管沿墙体内垂直进入吊顶顶棚内。

配电箱由下引来的配管,在管路敷设部位的墙体施工时,要随时调整配管的部位及垂直度,当墙体施工到一定的高度时,可用靠尺板测量管距墙表面的距离,与箱底敲落孔距箱体箱口的距离对比,使上、下层配电箱箱体始终保持在同一条垂直线上,配管对准箱体的敲落孔引上管。待墙体砌筑到安装箱体的高度时,可用不同的方法将配管拉断,其中用白线绳拉断塑料管的方法最省力。

由于某种原因,配电箱没到位,土建继续施工而无法进行预埋箱体时,应在埋设箱体的位置上,留置一个洞口,洞口下沿应比箱体下沿安装标高略低,这是为了利于引上管与箱体敲落孔连接,沿口高度应比箱体高度大200mm以上。箱体到达现场后,倾斜向预留沿口内放置,把入箱管插入敲落孔内,如管口对不准敲落孔,刚性绝缘导管配管时,可加热入箱管,使管端成鸭脖弯状,使配管管口入箱处保持顺直状态。如果入箱管为钢导管时,应接一段已弯好鸭脖弯的短管与配管连接,进入到箱体内。

配管采用钢导管螺纹连接的方法,如图3-44所示。

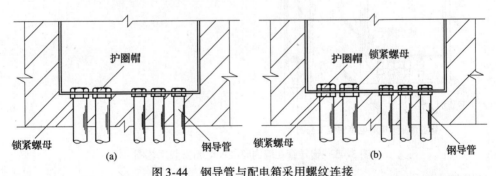
图3-44 钢导管与配电箱采用螺纹连接
(a) 钢导管与箱体用护圈帽和锁紧螺母固定;(b) 钢导管与箱体用两个锁紧螺母和护圈帽固定

钢导管与配电箱采用螺纹连接时,应先将管口端部适当长度套丝,拧入锁紧螺母(根母),然后插入箱体内,管口处再拧紧护圈帽(护口),也可以再拧一个锁紧螺母(根母),露出2~3扣的螺纹长度,拧上护圈帽(护口)。

因为钢导管与配电箱的连接较复杂,所钢导管在墙内暗装配电箱的连接安装工艺图供实训参考,如图3-45所示。

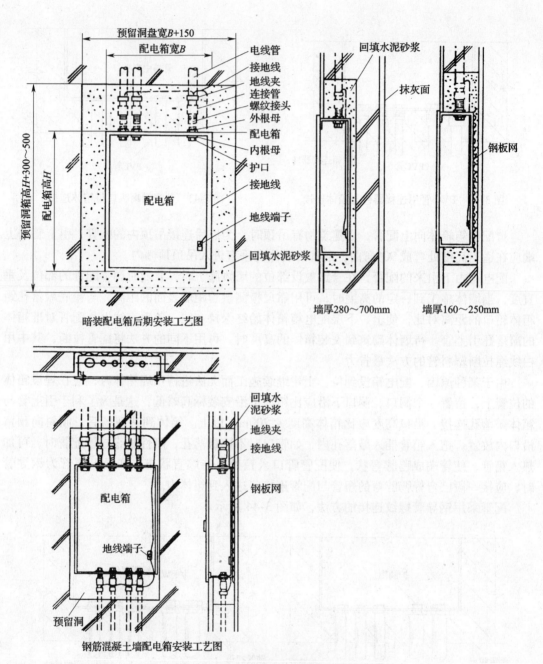

图 3-45 钢导管在墙内暗装配电箱安装工艺图

（5）箱内配线

1）绝缘导线摇测

配电箱配线已进入配电箱，配电箱全部电器安装完毕后，待与配电箱内电器作连接前，应进行线路的绝缘电阻测试，用500V兆欧表（在有效期内）对线路进行绝缘摇测。摇测项目包括相线与相线之间，相线与零线之间，相线与地线之间，零线与地线之间。两人进行摇测，同时做好记录，做为技术资料存档。

A. 用 ZC–25 型 500V 兆欧表摇测

兆欧表的接线柱有三个，一个为"线路"（L），另一个为"接地"（E），还有一个为"屏蔽"（G），这三个接线柱按照不同的测量对象来选用，在测试照明线路的绝缘电阻时，选用（L）与（E）两个接线柱。

仪表测试线用绝缘良好的多胶软线，两根线不能绞合在一起，否则造成测试数据不准确。

仪表使用前，应检查是否工作正常，把表水平放置，转动摇把，试验表的指针是否指在"∞"处，再慢慢地转动摇把，短接两个测试棒，看指针是否指在"0"处，若能指在"0"处，说明表是好的，否则不能使用。

B. 在测试时，按顺时针转动摇表的发电机摇把，摇把的转速应由慢而快，待调速器发生滑动后，要保持转速均匀稳定，不要时慢时快，一般来讲转速每分钟 120 转左右，发电机应达到额定输出电压。当发电机转速稳定后，表盘上的指针也稳定下来，这时表针指示的数值，就是所测得的绝缘电阻值。

C. 用兆欧表两根测试棒，接触在两相线接线桩头上，量出的是相线与相线间的绝缘电阻，即 L_1、L_2，L_2、L_3，L_3、L_1 之间的绝缘电阻；如果接触在某相线与中性线的接线桩头上，量出的是相线对中性线间的绝缘电阻，即 L_1、N，L_2、N，L_3、N 之间的绝缘电阻；若一测试棒（线）接触在相线接线桩头上，另一测试棒（线）接触专用保护线上，测量出的是相线与保护线的绝缘电阻，即 L_1、PE，L_2、PE，L_3、PE 之间的绝缘电阻；若两测试棒（线）分别接触在中性线和保护线上，测出的是 N 线与 PE 线之间的绝缘电阻；若一测试棒接触在相线或 N（PE）线上，另一测试棒接触在接地体（线或与接地体连接的用电器的金属外壳）上，量出的是相线或 N（PE）线对地的绝缘电阻。

测试时要注意，测试棒与测试点要保持良好的接触，否则测出的是接触电阻和绝缘电阻之和，不能真实反映线路绝缘电阻的情况。

D. 测试的线路绝缘电阻值，不应低于 0.5MΩ。否则需要寻找原因，查找影响绝缘电阻的原因不是一件容易的事，所以在安装时就应注意防患于未然。

2）箱内配线

A. 配线时应根据电器元件规格、容量和所在位置及设计要求和有关规定，选好导线的截面和长度，剪断后进行配线。箱内配线应成把成束排列整齐、美观，安全可靠，必要时采用线卡固定。压头时，将导线剥出线芯逐个压牢。

B. 电流回路的导线截面不应小于 $2.5mm^2$；电压回路的导线截面不应小于 $1.5mm^2$。

C. 二次回路的连接导线中间不应有接头。导线与电器元件的压接螺丝必须牢固，压线方向应正确。所有二次线必须排列整齐，导线两端应穿有带有明显标记和编号的标号头。导线的色别按相序依次为黄、绿、红色，专用保护线为黄绿相间色，工作 N 线为淡蓝色。

（6）配电箱面板安装

1）安装前，应对箱体的预埋质量，线管配制情况进行检验，确定符合设计要求及施工质量验收规范规定后，再进行安装。

2）安装前必须清除箱内杂物，整理好配管内的电源和负荷导线。引入引出线应有适当余量，以便检修，管内导线引入盘箱内时应理顺整齐。箱内的导线中间不应有接头，多回路之间的导线不能有交叉错乱现象。

3）对配电箱内出管导线理顺后，应成把成束沿箱体内周边保留10mm距离，横平竖直布置，并用尼龙扎带扎紧，在转弯处线束要进行弧形弯曲。余线要对正器具或端子板进行接线。

4）安装配电箱面板时，应注意配电箱面板四周边缘应紧贴墙面，不能缩进抹灰层内，也不得突出抹灰层。

5）配电箱面板应油漆完整，无掉漆返锈损坏等或者被污染现象。

以上均检查完毕后，然后用螺丝刀将配电箱面板安装好，并调整好。

（7）工程交接验收

1）工程竣工验收和质量评定标准

A 主控项目

（A）照明配电箱（盘）的箱体必须与PE线或PEN线连接可靠；盘面和装有电器的可开启门，和箱体的接地端子间应用裸纺织铜线连接，且有标识。

检查方法：全数检查，目测检查。

（B）照明配电箱（盘）应有可靠的电击保护。箱（盘）内保护导体应有裸露的连接外部保护导体的端子。

检查方法：全数检查，目测检查。

（C）照明配电箱（盘）安装应符合下列规定：

A）箱（盘）内配线整齐，无绞接现象。导线连接紧密，不伤芯线，不断股。垫圈下螺丝两侧压的导线截面积相同，同一端子上导线连接不多于2根，防松垫圈等零件齐全。

B）箱（盘）内开关动作灵活可靠，带有漏电保护的回路，漏电保护装置动作电流不大于30mA，动作时间不大于0.1s。

C）照明箱（盘）内，分别设置中性线（N）和保护线（PE）汇流排，中性线和保护线经汇流排配出。

检查方法：全数检查，A）、B）项目测检查、C）项漏电装置动作数据值，查阅测试记录或用适配检测工具进行检测。

B. 一般项目

照明配电箱（盘）安装应符合下列规定：

（A）位置正确，部件齐全，箱体开孔与导管管径适配，暗装配电箱箱盖紧贴墙面，箱（盘）涂层完整；

（B）箱（盘）内接线整齐，回路编号齐全，标识正确；

（C）箱（盘）不采用可燃材料制作；

（D）箱（盘）安装牢固，垂直度允许偏差为1.5‰；底边距地面为1.5m，照明配电板底边距地面不小于1.8m。

检查方法：（A）、（B）、（C）项目测检查；（D）项尺量检查。

2）工程交接验收时，应提交下列技术资料和文件：

（A）竣工图；

（B）设计变更的证明文件；

（C）安装技术记录；

（D）导线绝缘电阻测试记录；

（E）各种试验记录；

（F）主要器材、设备的合格证、质保书。

3）质量通病及其防治

（A）配电箱箱体不方正，箱体在运输过程中变形。生产厂家制作的配电箱要进一步加强制作质量，施工购买者要严格检查，运输与保管时要妥善。

（B）箱体预埋后，顶部受压变形。箱体预埋后，顶部应正确设置过梁。

（C）铁制箱体用电、气焊割大孔。在配电箱制作时应开圆孔。铁箱开孔数量不能少于配线回路，箱体要配合土建施工预埋，不能先留墙洞后安装配电箱，往往会造成管与箱体敲落孔无法对正。不可用电、气焊割孔，应用开孔器开孔，或者用钻扩孔后再用锉刀锉圆。

（D）同一工程中箱高度不一致，垂直度超差。预埋箱体时要按建筑标高线找好高度，不能查砖行放箱体，安装箱体时同时用线锤吊好，直至垂直度符合要求。

（E）配电箱后部墙体开裂、空鼓。在240mm墙上安装配电箱，后部缩进墙内，正确的设置钢丝网或石棉板，防止直接抹灰致使墙体开裂。

（F）管插入箱内长短不一，不顺直，硬塑管入箱过长，穿线前打断，有的断在箱外。钢管入箱时要先拧好根母再插入箱内使其长度一致，做焊接连接时长度不应超过5mm；入箱管路较多时要把管路固定好防止倾斜，管入箱时最好能利用自制平档板，使其管口入箱长度一致，用砖或木板在箱内把管顶平也可以。

（G）配电箱面板四周边缘，突出或缩进抹灰层内，箱门不能开启180°。箱体突出抹灰面时，突出部位应砍或刨去，使贴脸背部与抹灰面一平。

（H）保护线使用不当，不能使中性线与保护线混同，应单独敷设保护线。

（I）保护线在配电箱（盘）内位置不当。保护线，必须连接牢固、可靠，不能压在盘面的固定螺栓上，防止拆盘时断开。

5.1 实训小结

每个学生交实训小结：
(1) 写出照明配电箱安装过程。
(2) 实训中存在的问题或体会。

5.2 灯具、开关、插座安装的实训

5.2.1 实训目的
(1) 学会灯具、开关、插座的安装。
(2) 熟悉灯具、开关、插座的竣工验收和质量评定。

5.2.2 预习
(1) 阅读灯具、开关、插座的安装步骤。
(2) 阅读灯具、开关、插座安装的竣工验收和质量评定内容。

5.2.3 材料
(1) 各型灯具、开关、插座的型号、规格必须符合设计要求和国家标准的规定。器

具内配线严禁外露、配件齐全，无机械损伤、变形、油漆剥落等现象。所有器具应有产品合格证。

（2）灯具内配线应符合施工验收规范规定。照明灯具使用的导线其电压等级不应低于交流500V。

（3）其他材料有金属膨胀螺栓、塑料胀管、木螺钉、螺栓、螺母、垫圈、塑料胶带、黑胶布、软塑料管、焊锡、焊剂等，均应符合要求。

5.2.4 工具配备

（1）红铅笔、卷尺、小线、线坠、水平尺、手套。

（2）手锤、錾子、钢锯、锯条、压力案子、剥线钳、尖嘴钳、一字螺钉旋具、螺钉旋具、开孔器。

（3）活扳子、电钻、电烙铁、电锤、兆欧表、万用表、试电笔、工具箱等。

5.2.5 实训作业条件

（1）各种管路、盒子已经敷设完毕，盒子收口平整。

（2）线路的导线已穿完，并已做完绝缘摇测。

（3）顶棚、墙面的抹灰工作，室内装饰工程及地面清理工作均已完成。

5.2.6 作业程序

检查灯具、开关、插座 → 灯具、开关、插座安装 → 通电试运行 → 工程交接验收

（1）检查灯具、开关、插座

1）检查灯具、开关、插座的型号、规格是否与设计图纸一致。

2）检查灯具、开关、插座产品是否完好无损。

（2）灯具、开关、插座安装

1）灯具的安装

A. 吸顶式日光灯的安装

根据设计图确定出日光灯的位置，将日光灯贴紧建筑物表面，日光灯的灯箱应完全遮盖住灯头盒，对着灯头盒的位置打好进线孔，将电源线甩入灯的位置，在进线孔处应套上塑料管以保护导线。找好灯头盒螺孔的位置，在灯箱的底板上用电钻打好孔，用机螺钉拧牢固，在灯箱的另一端应使用胀管螺栓加以固定。

如果日光灯是嵌入在吊顶内，将吊杆一端固定在顶上，一端固定在灯箱上，再将电源线压入灯箱内的端子板（瓷接头）上。把灯具的反光板固定在灯箱上，并将灯箱调整顺直，最后把日光灯管装好。

B. 组装式吊链日光灯的安装：

（A）灯具组装

先将组装式吊链日光灯的灯管、启辉器、镇流器、灯架、管座和启辉器座等附件按图进行组装。电路图如图3-46所示。

把管座、镇流器和启辉器座安装在灯架的相应位置上，安装好吊链。连接镇流器到一侧管座的接线，再连接启辉器座到两侧管座的接线，用软线再连接好镇流器及管座另一接线端，并由灯架出线孔穿出灯架，与吊链叉编在一起穿入上法兰，应注意这两根导线中间不应有接头，导线连接处均应挂锡。

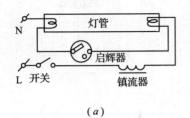 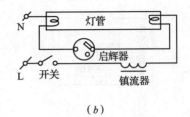

(a)   (b)

图 3-46 日光灯电路图

组装式荧光灯应在安装前集中加工，经通电试验后再进行现场安装。

各式常用荧光灯具供实训参考，如图 3-47 所示。

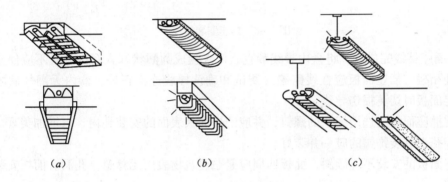

图 3-47 日光灯电路图
(a) 嵌入式；(b) 吸顶式；(c) 悬挂式

(B) 灯具安装

根据灯具的安装高度，将全部吊链挂在灯箱挂钩上，并且在建筑物顶棚上做金属胀管固定，将导线依顺序编叉在吊链内，并引入灯箱，在灯箱的进线孔处应套上软塑料管以保护导线，压入灯箱内的端子板（瓷接头）内。将灯具导线和灯头盒中甩出的电源线连接，并用粘塑料带和黑胶布分层包扎紧密。将灯具的反光板用机螺钉固定在灯箱上，调整好灯脚，最后将灯管装好。

2）插座安装

A. 先用錾子将插座盒内残存的灰块剔掉，同时将其他杂物一并清出盒外，再用湿布将盒内灰尘擦净。

B. 插座接线时，应仔细地辨认识别线路中的分色导线，正确的与插座进行连接。插座接线时应面对插座；单相双孔插座在垂直排列时，上孔接相线，下孔接 N 线。水平排列时，右孔接相线，左孔接 N 线；单相三孔插座，上孔接保护线，右孔接相线，左孔接 N 线；安装三相四孔插座，保护线或 N 线应在正上方，下孔从左侧起分别接在 L_1、L_2、L_3 相线上，同样用途的三相插座，相序应排列一致，如图 3-48 所示。

C. 按接线要求，将盒内甩出的导线留出维修长度，削出线芯，注意不要碰伤线芯，将导线按顺时针方向盘绕在插座对应的接线柱上，并将独芯导线线芯直接插入插座面板的接线孔内，用螺钉旋具将其压紧。注意线芯不得外露。

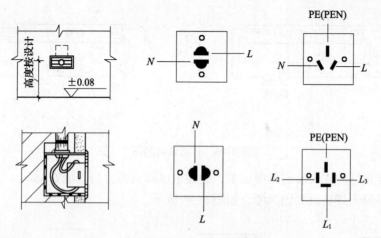

图 3-48 插座安装接线

D. 插座接线完成后，将盒内导线顺直，依次盘成圆圈状塞入盒内，且不应使盒内导线接头处相碰。插座面板应在线路绝缘测试和确认导线连接正确、盒内无潮气后才能固定。固定面板时切莫损伤导线。

固定插座面板应选用统一的螺钉，并应凹进面板表面的安装孔内，以增加美观。插座面板安装孔上有装饰帽的应一并装好。

插座面板的安装不应倾斜，面板四周应紧贴建筑物表面无缝隙、孔洞。面板安装后表面应清洁。

E. 交直流或电源电压不同的插座安装在同一场所时，应有明显标志便于使用时区别。且其插头与插座均不能互相插入。

F. 双联及以上的插座接线时，相线、N 线应分别与插孔接线桩并接或进行不断线整体套接，不应进行串接，插座接线后在接线桩头处，导线线芯外露无绝缘长度不应大于 2mm。插座进行不断线整体套接时，插孔之间的套接线长度不应小于 150mm。

3）开关安装

A. 工程中暗装开关以 86 系列跷板（或指甲式）开关被广泛采用，开关面板尺寸为 86mm×86mm，开关与盖板连成一体，安装很方便。

跷板开关的一块面板上，一般可装 1~3 个开关，称为单联、双联、三联开关，四联跷板开关面板尺寸则为 86mm×146mm。指甲式开关则可装成面板尺寸 86mm×86mm 的四联及五联开关。此外，还有带指示灯开关，指示灯在开关断开时可显示方位，辨清开关位置，方便操作；还有开关在接通位置时指示灯亮的指示电源接线形式，能够辨别线路是否有电，便于维修。

跷板开关同暗板把开关相同，每一联即是一个单独的开关，能分别控制一盏电灯，每一联内接线桩数量不同，双线的为单控开关，三线的为双控开关，可根据需要进行组合。

B. 跷板开关安装接线时，应根据开关内部构造情况进行接线安装，应使开关切断相线，并应根据跷板或面板上的标志确定面板的装置方向。面板上有指示灯的，指示灯应在上面；正面跷板上有红色标记的应朝下安装，跷板上部顶端有压制条纹或红色标志的应朝上安装；面板上有产品标记或跷板上有英文字母的不能装反，更应注意带有 ON 字母的是开的标志，不应颠倒反装而成为 NO；跷板上部顶端有压制条纹或红点的应朝上安装。当跷板或面板上无任何标志的，应装成跷板下部按下时，开关应处在合闸的位置，跷板上部按下时，应处在断开位置，即从侧面看跷板上部突出时灯亮，下部突出时灯熄，如图3-49所示。

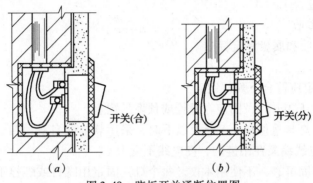

图 3-49　跷板开关通断位置图
(a) 开关接通；(b) 开关断开

C. 按接线要求，将盒内甩出的导线留出维修长度，削出线芯，注意不要碰伤线芯，将导线按顺时针方向盘绕在开关对应的接线柱上，并将独芯导线线芯直接插入开关面板上的接线孔内，用螺钉旋具刀将其压紧。注意线芯不得外露。

D. 开关接线时，应将盒内导线依次理顺好，接线后，将盒内导线盘成圆圈，放置于开关盒内。在安装固定面板时，找平找正后再与开关盒安装孔拧固，应用手将面板与墙面顶严，防止拧螺丝时损坏面板安装孔。安装好的开关面板应紧贴建筑物装饰面。开关面板安装孔上有装饰帽的应一并装好，开关安装好以后，面板上要清洁。

E. 同一场所中开关的切断位置应一致，且操作灵活，接点接触可靠。并且同一场所开关的高度一致，应符合施工验收规范。

F. 凡几盏灯集中由一个地点控制的，不宜采用单联开关并列安装，应选用双联及以上开关，即可以节省配管和管内所穿导线。应在安装接线时，考虑好开关控制灯具的顺序其位置应与灯具相互对应，也称为控制有序不错位，方便操作。

G. 双联及以上开关如使用开关后罩为整体形式的，二联及三联的共用端（COM）内部为一整体时，电源相线只要接入开关共用接线桩即可，方便安装省去并接头。

双联及以上开关接线时，如使用开关后罩为单元组合形式的，电源相线不应串接，如图 3-50 所示，双联以上开关错误接线。开关相线应采用并接头的方法（用压线帽压接），做到每个接线柱上只允许接一根导线。

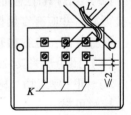

图 3-50　双联及以上开关错误接线

(3) 通电试运行

1) 灯具、开关、插座、配电箱安装完毕，且各条支路的绝缘电阻摇测合格后，方允许通电试运行，此时将配电箱卡片框内的卡片填写好部位，编上号。通电后应仔细检查灯具的控制是否灵活准确，开关与灯具的控制顺序应相对应。检查插座的接线是否正确，其漏电开关动作应灵敏可靠，如果发现问题须先断电，然后查找原因进行修复。

2）照明系统通电，灯具回路控制应与照明配电箱及回路的标识一致；开关与灯具控制顺序相对应。

3）公用建筑照明系统通电连续试运行时间应为24h，民用住宅照明系统通电连续试运行时间应为8h。所有照明灯具均应开启，且每2h记录运行状态1次，连续试运行时间内无故障为验收通过。

（4）工程交接验收

1）工程竣工验收和质量评定标准

A. 主控项目

（A）灯具的固定应符合下列规定：

A）灯具重量大于3kg时，固定在螺栓或预埋吊钩上；

B）软线吊灯，灯具重量在0.5kg及以下时，采用软电线自身吊装；大于0.5kg的灯具采用吊链，且软电线编叉在吊链内，使电线不受力。

C）灯具固定牢固可靠，不使用木楔。每个灯具固定用螺钉或螺栓不少于2个；当绝缘台直径在75mm及以下时，采用1个螺钉或螺栓固定。

检查方法：对不同种类的灯具各抽查5%，目测检查。

（B）固定灯具带电部件的绝缘材料以及提供防触电保护的绝缘材料，应耐燃烧和防明火。

检查方法：全数检查，查阅产品合格证件和用明火试验。

（C）当设计无要求时，灯具的安装高度和使用电压等级应符合下列规定：

A）一般敞开式灯具，灯头对地面距离不小于下列数值（采用安全电压时除外）。

室外墙上安装：2.5m；

厂房：2.5m；

室内：2m。

B）危险性较大及特殊危险场所，当灯具距地面高度小于2.4m时，使用额定电压为36V及以下的照明灯具，或有专用保护措施。

检查方法：按不同型式抽查总数的5%，目测检查和尺量检查。

（D）当灯具距地面高度小于2.4m时，灯具的可接近裸露导体必须与PE线或PEN线连接可靠，并应有专用接地螺栓，且有标识。

检查方法：全数检查，尺量检查和目测检查。

（E）照明开关安装应符合下列规定：

A）同一建筑物、构筑物的开关采用同一系列的产品，开关的通断位置一致，操作灵活、接触可靠。

B）相线经开关控制。

检查方法：目测检查。

（F）当交流、直流或不同电压等级的插座安装在同一场所时，应有明显的区别，且必须选择不同结构、不同规格和不能互换的插座；配套的插头应按交流、直流或不同电压等级区别使用。

检查方法：目测检查。

（G）插座接线应符合下列规定：

A）单相两孔插座，面对插座的右孔或上孔与相线连接，左孔或下孔与零线连接；单相三孔插座，面对插座的右孔与相线连接，左孔与零线连接；

B）单相三孔、三相四孔及三相五孔插座的接地（PE）或接零（PEN）线接在上孔。插座的接地端子不与零线端子连接。同一场所的三相插座，接线的相序一致。

C）接地（PE）或接零（PEN）线在插座间不串联连接。

检查方法：全数检查，目测和用检测工具检测。

（H）特殊情况下插座安装应符合下列规定：

A）当接插有触电危险家用电器的电源时，采用能断开电源的带开关插座，开关断开相线；

B）潮湿场所采用密封型并带保护地线触头的保护型插座，安装高度不低于1.5m。

B. 一般项目

（A）引向每个灯具的导线线芯最小截面积应符合表3-17的规定。

导线线芯最小截面积（mm²）　　　　　　　　　　表3-17

灯具安装的场所及用途		线芯最小截面积		
		铜芯软线	铜线	铝线
灯头线	民用建筑室内	5	0.5	2.5
	工业建筑室内	0.5	1.0	2.5
	室外	1.0	1.0	2.5

检查方法：按不同种类的灯具各抽查5%，目测检查或尺量检查。

（B）灯具的外形、灯头及其接线应符合下列规定：

A）灯具及其配件齐全，无机械损伤、变形、涂层剥落和灯罩破裂等缺陷；

B）软线吊灯的软线两端做保护扣，两端芯线搪锡；当装升降器时，套塑料软管，采用安全灯头。

2）工程在交接验收中，应提交下列技术资料和文件：

　A. 竣工图

　B. 设计变更的证明文件

　C. 安装技术记录

　D. 导线绝缘电阻测试验收记录

　E. 主要器材、设备的合格证、质保书。

3）质量通病及其防治

　A. 成排灯具的中心线偏差超出允许范围。在确定成排灯具的位置时，必须拉线，最好拉十字线。

　B. 吊链日光灯的吊链选用不当，应进行更换。

　C. 成套吊链荧光灯吊链处出现导线接头。灯具导线中间不应有接头，应使用整根导线。

　D. 吊链荧光灯导线不通过吊链作固定。应采用塑料软线，叉编在吊链上。

　E. 开关、插标高偏差太大，应按规范确定标高。

F. 同一房间的开关、插座的安装高度之差超出允许偏差范围，应及时更正。

G. 开关未断相线，插座的相线、零线及保护线接法混乱，应按规范要求进行改正。

H. 固定面板的螺钉不统一（有一字和十字螺钉）。为了美观，应选用统一的螺钉。

I. 开关、插座的面板不平整，与建筑物表面之间有缝隙，应调整面板再拧紧固定螺钉，使其紧贴建筑物表面。

5.2.7 实训小结

每个学生交实训报告：

（1）写出灯具、开关、插座安装过程。

（2）实训中存在的问题或体会。

参 考 文 献

1. 刘劲辉，刘劲松. 建筑电气分项工程施工工艺标准手册. 中国建筑工业出版社，2003
2. 肖辉. 电气照明技术. 北京：机械工业出版社，2004
3. 赵德中. 建筑电气照明技术. 北京：机械工业出版社，2003
4. 中国建筑科学研究院. 建筑照明设计标准（GB 50034—2004）
5. 浙江省建设厅. 建筑电气工程施工质量验收规范（GB 50303—2002）
6. 国家经贸委. VNDP/GEF 中国绿色照明工程项目办公室. 中国建筑科学研究院. 建筑照明工程实施手册. 北京：中国建筑工业出版社，2003
7. 屠其非，徐蔚. 学校照明. 上海：复旦大学出版社，2003
8. 朱小清主编. 照明技术手册. 北京：机械工业出版社，1995
9. 樊伟建，赵连玺. 建筑应用电工. 北京：机械工业出版社，1992
10. 柳孝图. 建筑物理. 北京：中国建筑工业出版社，2000
11. 中国建筑科学研究院　建筑采光设计标准 GB 50009—2001
12. 华东地区建筑标准设计协调项目　铝合金门窗 DBJT 73—38
13. 高祥生，韩巍，过伟敏. 室内设计师手册. 北京：中国建筑工业出版社，2003